U0748106

# 不乱于心 不困于情 不浮于事

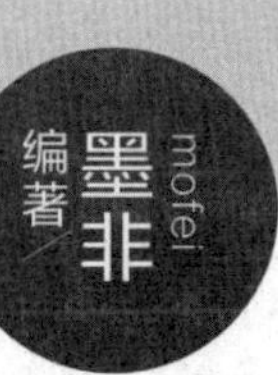

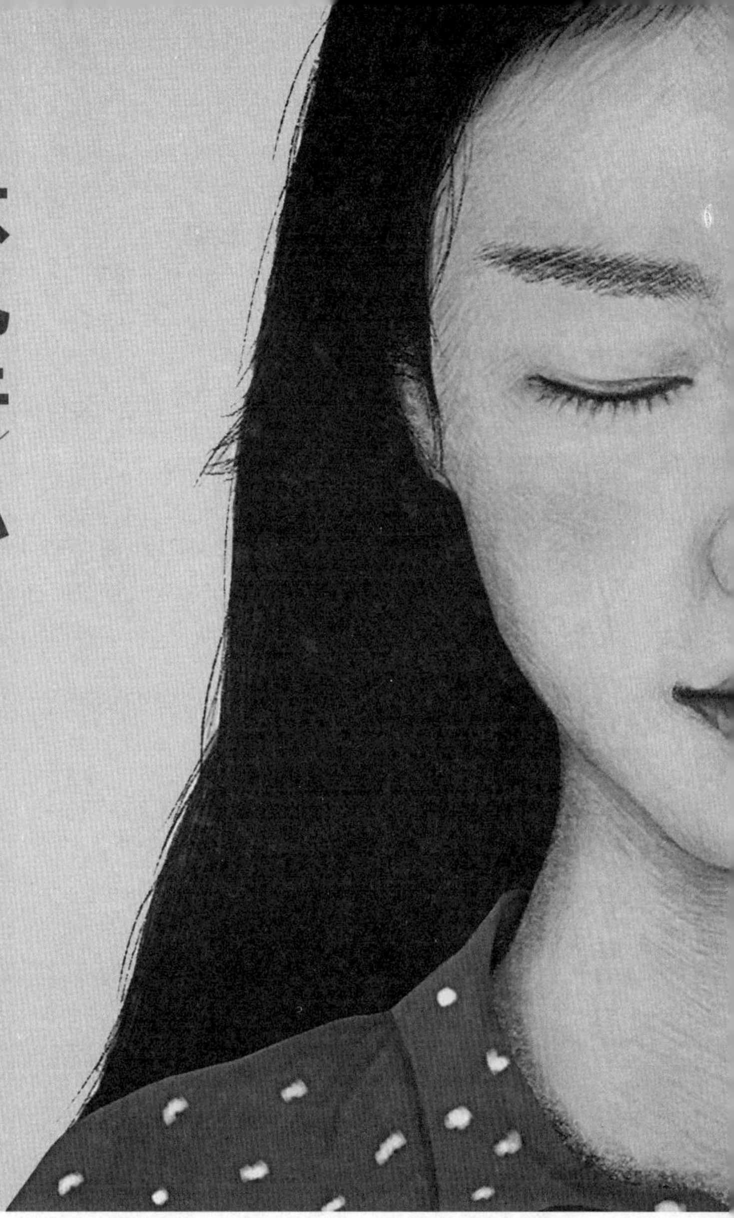

墨非 mofei 编著

**不乱于心，不困于情**
**不畏将来，不念过往**

如此，安好。
现在事，现在心，随缘即可；
未来事，未来心，何须劳心。

BULUAN YU XIN
BUKUN YU QING
BUFU YU SHI

中國華僑出版社

**图书在版编目（CIP）数据**

不乱于心，不困于情，不浮于事/墨非编著．——北京：中国华侨出版社，2016.5

ISBN 978-7-5113-6073-1

Ⅰ．①不… Ⅱ．①墨… Ⅲ．①人生哲学—通俗读物 Ⅳ．①B821-49

中国版本图书馆 CIP 数据核字（2016）第 114624 号

● **不乱于心，不困于情，不浮于事**

编　　著 / 墨　非
责任编辑 / 子　田
责任校对 / 王京燕
装帧设计 / 环球互动
经　　销 / 新华书店
开　　本 / 710 毫米×1000 毫米　1/16　印张 /17　字数 /286 千字
印　　刷 / 香河利华文化发展有限公司
版　　次 / 2016 年 7 月第 1 版　2017 年 11 月第 2 次印刷
书　　号 / ISBN 978-7-5113-6073-1
定　　价 / 32.80 元

中国华侨出版社　北京市朝阳区静安里 26 号通成达大厦 3 层　邮编：100028

法律顾问：陈鹰律师事务所　　编辑部：（010）64443056　　64443979
发行部：（010）64443051　　传　真：（010）64439708
网　址：www.oveaschin.com　　E-mail：oveaschin@sina.com

# 前言

PREFACE

快节奏的现代生活，给我们带来了许多物质上的享受，却也不时地在撩拨着我们的心弦，不时地扰乱着内心的平静。在人生的道路上，我们只顾不停地向前，不停地追寻，内心有时会感到烦恼、焦虑、紧张、迷茫、彷徨、失落、懈怠、颓废……有时候会突然感到迷惑：不知忙忙碌碌究竟是为了什么？也不知情感为何如此沉重？总会不自觉地在得与失间挣扎，在舍与弃之间犹豫不决，在不幸与挫折面前抱怨不止……我们的心开始慢慢地感到疲惫，甚至迷失自己。

本书正是针对现代人所面临的这些问题，从生活中的实际出发，并结合一些富有哲理的小故事，融入作者个人的感悟，帮助读者找到自身的问题所在，从而真正做到不乱于心、不困于情、不浮于事，真正做一个平静、洒脱的自我。

本书立足于现实，用富有哲理的语言，帮助现代人解决以下的种种烦恼：

帮助现代都市人建立强大的疗伤系统。为了获得更多，我们在欲望的驱使下挣扎，从而在追求过程中会迷失自己。本书就是要把读者带回“当下”，帮助其建立强大的自我疗愈系统，缓解我们内心的焦虑，让我们的生活不再迷茫。

唤醒那些总活在过去的人。真正强大的人，有一颗勇于抛开过去继续前进的心。本书直击那些在生活中受伤的人的心灵“痛点”，帮助他们走出偏执的泥潭，建立强大的防疫系统，避免其在过去的“沼泽”中无法自拔。

让那些在爱情和婚姻路上徘徊者不再纠结。这个世界上，婚姻不是幸福的“归宿地”，也不是不幸的“造难所”，所以，不要因为结婚而结婚。永远不要找任何人要幸福感，不要因为无路可走而选择婚姻，更不要因为无路可退而选择婚姻。但愿本书能引领你走出爱情、婚姻的盲区，在感情的真谛中找到真正的幸福。

找到自己的人生定位。现实的种种诱惑让我们感到迷茫，以至于无法脚踏实地地工作、生活。为此我们要为自己找准定位，找到正确的方向。因为准确的定位会让我们的人生之路更加顺畅、更加美好。

希望本书能让忙碌、烦躁的你，得到一丝清凉，让你的生活不再充满忧虑，让你的人生焕发光彩，从而使自己成为一个快乐、幸福的人！

# 目 录

CONTENTS

## 不乱于心：不宠不惊，闲看庭前花开花落

### 第一章 人之所以会忧虑，是因为空念太多

——活在当下，梦里忧欢终枉然

01 忧虑往往源于虚无的“空想” /3
02 忙碌是驱赶忧虑的最佳方法 /5
03 未来不迎，当时不杂，过往不恋 /8
04 别总在小事上纠缠不休 /10
05 用每一个快乐的“当下”来充盈你的生命 /12
06 学习是你抵御恐慌的“良药” /14
07 全力专注于“当下” /16
08 别相信概率，注意限制忧虑 /18
09 木屑已经很碎了，何须再去锯呢 /20
10 理性地面对现实 /22

### 第二章 人之所以会纠结，是因为犹豫不决

——懂得放弃，一念放下万般自在

01 纠结源于“两难选择” /25
02 失败往往从患得患失开始 /27

03 完美主义者，拿什么拯救你的纠结 /30
04 太多的顾虑是一种心理“包袱” /31
05 站在这“山”，慎看那“山” /33
06 适当为自己的人生做减法 /35
07 专注于当下，是摆脱纠结最好的办法 /37
08 舍弃冗杂，将你的人生简单化 /39
09 学会放下，问题便迎刃而解 /40
10 适时放下，摆脱名缰利锁的困扰 /42

**第三章 人之所以会烦恼，是因为不懂忘记**

——淡忘曾经，不将闲事挂心头

01 懂得忘记，别让过去的痛苦浸染了当下的快乐 /45
02 懂得将过往的生活“归零” /47
03 学会将过去的荣光清零 /48
04 爱对方，就要忘记其过去 /50
05 注定无法挽回的痛苦，不如早点忘记 /52
06 别拿过去惩罚自己 /54
07 忘记失败，才能收获成功 /56
08 要为明天做准备，别为昨天而哭泣 /58
09 及时清理你的“人生背包” /60

**第四章 人之所以会生气，是因为计较太多**

——不争，人生看得几清明

01 生气是愚蠢的行为，争气是智慧的象征 /63
02 除非自己愿意，没有人能让你生气 /65
03 与他人生闲气，就是和自己较劲儿 /67
04 “问题”能让人动怒，但动怒却解决不了问题 /69
05 化怒气为力量，激发你的潜能 /70

06 嘴上赢了，实则输了 /72
07 提升气量，断绝生闷气的根源 /74
08 保管好快乐的钥匙，别将它轻易交给他人 /75
09 快乐不是得到的多，而是计较的少 /77
10 问自己：一年后还会在乎这件事情吗 /78

不困于情：挥别执念，古痴今狂终归尘

第五章 人之所以会伤于情，是因为不够淡然
——缘来不狂喜，缘去不悲泣

01 懂得随缘，强求的爱情要不得 /83
02 先宽恕的人，必先得到解脱 /85
03 别背负婚姻失败的伤 /87
04 别让“执迷不悟”将你的幸福“辗碎” /89
05 女人愁苦的根源：“我的”男人，谁敢动 /92
06 不折磨，不断爱：结婚前，先“分手” /95
07 给爱留一条出路：你转身的姿态也可以很优雅 /96
08 牵手是情，放手也是因为爱 /99
09 爱情并不与玫瑰为伍，别让自己在爱情中迷失 /101
10 遗憾也是人生的一种体味 /103

第六章 人之所以会不甘心，是因为不能彻悟
——相濡以沫，不如相忘于江湖

01 挥别错的，才能和对的相遇 /107
02 相濡以沫，不如相忘于江湖 /110
03 不必苦苦挽留一个变了心的人 /112
04 得不到你所爱的，就爱你所得到的 /114
05 别为爱情下赌注：有多少爱可以重来 /117
06 不强求：感情是勉强不来的 /119

07 有些爱与幸福的距离，永远不可跨越 /121
08 爱是相互理解与尊重 /122
09 选择合适的，而不是最好的 /124
10 选择爱你的人，不如选择懂你的人 /126

**第七章 人之所以不幸福，是因为苛求太多**
——别拼命爱，学会偶尔给爱放放风

01 别让婚姻成为囚禁爱人的“牢笼” /129
02 给爱一点呼吸的空隙：抓得越紧，失去就越快 /131
03 爱不是约束改变，而是接受 /133
04 舍弃苛求，学会接纳伴侣的不完美 /135
05 懂得“不动声色”，对方会更爱你 /137
06 “管”会让他口服，“疼”则会让他心服 /141
07 “牛奶＋咖啡”式的爱法，不仅营养而且提神 /142
08 须牢记：没有什么错误可以“永垂不朽” /144
09 贪婪和懒惰是扼杀幸福的罪魁祸首 /146

**第八章 人之所以会抱怨，是因为不懂感恩**
——心灵有家，生命才有路

01 有一种爱，亘古绵长，无私无求 /149
02 爱听唠叨话，读懂父母心 /152
03 对待父母，最难的就是和颜悦色 /154
04 别让交朋友成为生活的负累 /156
05 真正的朋友，不会让你劳神费力 /158
06 不要抱怨，学会理解他人 /159
07 相逢一笑泯恩仇：与对手握手言和 /161
08 和气生财：辩论不伤感情 /163
09 容纳他人，就是接纳自我 /164

## 第九章　人之所以会急躁，是因为内在的智慧不够

——沉得住气，方能成大器

01　内心急躁，多是因为智慧不够　/169
02　学会耐心等待　/172
03　遇事不慌张，要沉得住气　/174
04　专心致志做好眼前事　/177
05　心浮气躁是人生的大敌　/179
06　要有耐心：心急吃不了热豆腐　/182
07　认真做好每一件小事　/184
08　不要频繁地跳槽　/186

## 第十章　人之所以不踏实，是因为内在的定力不够

——不喜不悲，泰山崩于前而色不变

01　绝不做轻轻一拍，就跳得老高的“皮球”　/191
02　当你开始谦虚时，便是近于伟大时　/193
03　一个人炫耀什么，说明他内心缺少什么　/196
04　话出口前先思量　/198
05　有理不在声高　/200
06　唠叨，是你人际关系的“头号暗礁”　/202
07　负重的生命，方能平稳前行　/204
08　本分：滋养人格的一种丰厚的“养分”　/206
09　永远别做“语言的巨人，行动的矮子”　/209

## 第十一章　人之所以浮躁，是因为内心没底气

——要踏实勤奋，眼高手低会自毁前程


01 踏实比聪明和能力更重要　/ 213

02 多去耕耘，少言收获　/ 216

03 切勿眼高手低，大才干都是从小事中被挖掘出来的　/ 218

04 以小鸟为起步，以老鹰为目标　/ 220

05 卓越是“熬”出来的　/ 222

06 把最简单的事情做好就是不简单　/ 225

07 做得越多离成功就越近　/ 227

08 多琢磨事，少琢磨人　/ 231

09 别让薪水捆绑自己，敢于和业绩“叫板”　/ 233

10 将小事做细，将细事做透　/ 235


## 第十二章　人之所以会暴躁，是因为涵养不够

——冲动是魔鬼，脾气走了福气就来了


01 将愤怒化为前进的动力　/ 239

02 气愤时，请别做任何决定　/ 241

03 不冲动，恢复理智后再行动　/ 243

04 不要意气用事　/ 245

05 把“受气”当成自己前进的推动力　/ 247

06 将“自制”当成一种习惯　/ 248

07 为“怒气”找一个合适的发泄“通道”　/ 250

08 合理的情绪宣泄方式，能减轻你的压力　/ 252

09 发怒之前，先考虑后果　/ 255

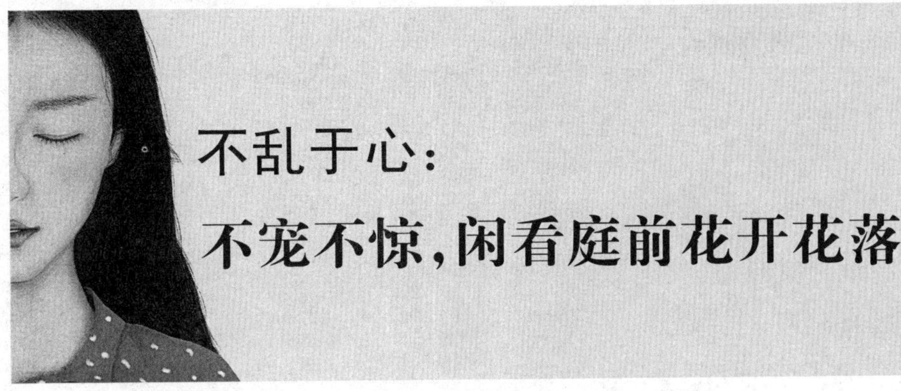

# 不乱于心：不宠不惊，闲看庭前花开花落

“不乱于心，不困于情，不畏将来，不念过往。”这是画家丰子恺先生的一句经典语录。所谓的不乱于心，就是指内心无杂念，更无忧愁和烦恼，安然、沉静的一种生活状态，如一朵白莲花一般，无论外界如何喧闹，内心也荡不起涟漪。这对在快节奏中生活的我们有着极深的启示。因为种种压力，我们不停地忙碌，外界的喧嚣时不时地扰乱我们的内心，于是幸福、快乐、宁静、安然渐渐离我们远去，内心总是笼罩着沉重的阴影，或抑郁孤独，或忌妒猜疑，或喜怒无常，或无端恐惧，或顾虑重重，或郁郁寡欢……而“不乱于心”的生活启示，能为我们的心灵找到休憩的港湾，让我们在人生的这条长河中掌控自己的航舵，在烦恼的时候学会从容，在失意的时候学会振奋，在焦躁的时候变得平静，在失落的时候懂得心灵的慰藉，在纠结的时候获得释怀，在迷茫的时候找到希望的灯火，让我们远离生活中的一切繁杂和喧嚣，领悟到生命的真谛，体味到真正的快乐和幸福，获得洒脱和惬意的人生！

# 第一章

# 人之所以会忧虑，是因为空念太多

## ——活在当下，梦里忧欢终枉然

生活中，有些人之所以会焦虑，是因为期望得不到满足，或者是对未知的生活或事情充满了恐惧或担忧。其实，那些所谓的担忧、恐惧都源于我们想得太多，太多的空念填满了内心，人自会焦虑不安。要不乱于心、不忧虑，就要学会活在当下，将生命的每一个刹那都看成是唯一，将全部的身心专注于当下的时光，未来不迎，当时不杂，过往不恋，焦虑自然就不请自离。

## 01. 忧虑往往源于虚无的“空想”

但凡内心忧虑的人，往往都是爱空想的。他们在做一件事之前，总是先执着于空想。比如，要参加一次重大的考试，事先会把考试前后的事情都想一遍甚至几遍，会想考试的种种过程，会想万一通过了考试，人生就会怎样怎样，考试如果通不过，又会怎样怎样……一味地空想，只会把事情复杂化，让你越来越不敢去面对现实，这样不仅给自己的思想增加负担，而且最终也很难取得成功。

一位名牌大学的毕业生，每天总是想着如何才能一举成名，他曾经想了许多的方法，但却没有真正去做过一件事，每天只是沉浸于空想之中。

两年过去了，他还是一无所有。为此，他非常烦恼，也极为焦虑。

有一天，朋友把他引荐给了一位商界有名的企业家。于是，年轻人很是兴奋，上去就问这位企业家名扬天下的办法。他说："我每天都在想着如何成名，想了许多办法，但两年过去了为何一点成效都没有？"企业家一眼就看穿了年轻人的心理，就问他说："你是否真的很想出名？"

"对呀！我连做梦都想，我什么时候能像您一样都被大家所熟知呢？"年轻人忙不迭地回答。

"等你死后，你很快就会名扬四海了。"企业家不慌不忙地说。

"为什么我要等到死了以后才会出名呀？"年轻人吃惊地问道。

企业家就告诉他："因为你一直想拥有一座高楼，可是从没有动手去建造这座高楼。所以，你一辈子都生活在空想之中，等你死后，人们就会经常提起你，以告诫那些只会做白日梦、不肯动手去做事的人，如此一来，你就名扬天下了。"

其实，现实生活中有很多人都如故事中的年轻人一样，做事之前总是空想，不付出行动，让忧虑阻碍了前进的步伐，最终一事无成。要想让内心不再烦恼，要想让梦想变为现实，唯有立马行动，将你的想法变成切实的行动。

其实，在生活中，很多阻碍我们前进步伐的并非远处险恶的高山和河流，而是我们内心的虚无的空想，它是产生忧虑的根源。这种忧虑能扰乱我们的心志，阻碍我们的手脚，摧毁我们的意志，让我们瞬间一败涂地。

国际著名的登山家罗赛尔，曾经在没有携带氧气设备的情况下，成功地登上海拔高达6400米以上的高峰，这其中还包括世界第二峰——乔戈里峰。

其实，世界上许多的登山高手就以不携带氧气瓶登上乔戈里峰为自己的第一目标。但是，几乎所有的登山高手只登到海拔6000米左右处，就无法继续前进了，因为这里的空气极为稀薄，大多数人会感到窒息。所以，对登山者来说，想要靠自身的体力与意志力去征服乔戈里峰，确实是一项极为严峻的考验。

然而，罗赛尔却突破了种种障碍达到了目标。他在接受记者采访时，说出了自己在前进中历经的过程。

罗赛尔认为，在突破海拔6400米的登山过程中，他最大的障碍就是内心各种翻腾的虚空的杂念。因为，在攀爬的过程中，你头脑中的任何一个小小的杂念，都会松懈人内心原本坚强的意念，转而变得渴望呼吸氧气，慢慢地让人失去征服的冲动与动力。随即，“缺氧”的念头就会产生，最终让人放弃征服的意志，接受失败！

罗赛尔说：“想要登上峰顶，首先要学会清除内心的各种杂念，脑子中的杂念越少，你的需氧量就会越少；你的杂念越多，你对氧气的需求就会越多。所以，在空气极度稀薄的状态下，必须要排除内心的一切虚空的杂念！”

在生活中，很多人无法成功，其主要原因就是虚无的幻想冲垮了其内在的意志力，让我们在困境中倒下。因此人们常说“人生最大的敌人永远是自己”，一个人只有依靠自己的意志力，勇于摒除脑海中的各种杂念，才能战胜困境，成为最终脱颖而出的人。

## 02. 忙碌是驱赶忧虑的最佳方法

其实，在生活中那些专注于自己工作的人，很少会因为忧虑而精神崩溃，因为他们没有时间去享受这种“奢侈”；在烈日炎炎下劳动的人也没有时间去忧虑……所以，遇到忧虑，不去想它，让自己忙碌起来，你的血液循环就会加速，你的思想就会开始变得敏锐——让自己的手脚一直忙着，让思想专注于眼前的事，这是治疗忧虑的最好最有效的良药。

身为单亲妈妈的玛丽曾经遭遇过两次不幸，第一次是她可爱的五岁的女儿因为患病匆匆地离开了她，当时她被这件事情击倒了。然而，更不幸的是，半年后，她的爸爸因为意外的车祸也永远地离开了她。这接二连三的打击使她无法承受，那段时间，玛丽为此而吃不下饭，无法休息或放松，精神受到致命的打击，信心丧失殆尽，吃安眠药和旅行都没有用。她的身体好像被夹在一把大钳子中，而这把钳子愈夹愈紧。

不过，感谢上帝，她还有一个八岁的儿子，他教给了玛丽解决忧虑的方法。一天下午，他对妈妈说："妈，你能否给我做一条船？"

玛丽实在没兴趣，可这个小家伙很缠人，她只得依着他。

做那条玩具船大约花了玛丽三个小时，等做好时她才发现，这三个小时是她许多天来第一次感到放松的时光。

这一发现让本来痛心不已的玛丽如梦初醒，她顿时明白，如果自己忙于工作，就很难再去忧虑了。所以玛丽决定与其让自己闲着胡思乱想、忧心忡忡，不如让自己不停地忙碌起来。也就在那一天晚上，玛丽巡视了每个房间，把所有该做的事情列成一张单子。有好些小东西需要修理，比方说书架、楼梯、窗帘、门把、门锁、漏水的龙头，等等。两个小时内，她为自己列出了两百多件需要做的事情。

从此，玛丽的生活中充满了启发性的活动：每星期两个晚上她到市中心去参加成人教育班，并参加了小镇上的一些活动，偶尔她会协助红十字会和其他机构去募捐等。这些忙碌的事情已经让她无暇去忧虑。

"没有时间忧虑"，这也是二战期间英国首相丘吉尔在战事紧张到每天要工作 18 个小时时说的。当别人问他是否为那么重的责任而忧虑时，他说："我太忙了，我没有时间忧虑。"其实，人生有很多的忧虑是空想的结果，这些都是对生命的一种浪费。所以，当你处于忧虑状态的时候，不妨给自己找些事情来做，它是驱赶忧虑最好的良药。

卡耐基说："无所事事者常会给自己留下忧虑的时间，置自己于痛苦之中；而忙碌的人，尤其是忙于帮助别人的人，就没有时间沉湎于忧虑中。"

让自己不停地忙着！忧虑的人一定要让自己沉浸在工作中，否则只有在绝望中挣扎。人生在世，只有短短几十年，如果你为一些小事而忧虑，浪费了很多时间，请你仔细想一想：值吗？

戴尔·卡耐基曾在《人性的弱点》一书中，给那些生活在苦恼中的人们制订了一份计划，这份计划的重点就是，用具体的行动去充实生命的每一个"当下"：

今天我要用行动来提升我的心灵。我要学习，不让心灵空虚。我要阅读有益于身心的书籍，提高我的修养。

今天我要做三件事：我要默默地为某个人做一件好事，我还要做一件我以前不愿做的事、一件不敢做的事。做这些事的目的，只是为了锻炼我的勇气和勤勉，让我不致懈怠。

今天我要让自己看起来更美丽。我要穿着得体、举止大方、谈吐优雅。我要给他人多一些赞赏，少一些批评，不让自己抱怨，不去挑任何人的毛病。

今天我要全心全意地过好这一天，不去想我整个的人生。一天工作12个小时固然很好，可如果想到一辈子都要这样度过，我自己都会觉得恐怖。

今天我要制订计划。我要计划每小时要做的事。可能不会完全按照计划实现，但我还是要计划，为的是避免仓促和犹豫不决。

今天我要给自己留半个小时的时间静息片刻，思考一下自己的人生。

今天我要很开心。只有现在的行动才能给我带来无尽的幸福和快乐。

……

为了从此不再让烦恼纠缠自己，请立即行动起来吧，只有让自己切实地行动起来，才能让内心获得平静和充实，这样才能把握机会，才会有更为光明的未来。

## 03. 未来不迎，当时不杂，过往不恋

关于如何摆脱因为空想而产生的忧虑和纠结，曾国藩曾提出了一个妙方，即："未来不迎，当时不杂，过往不恋。"就是说，未来发生的事情，我根本就不迎上去想它；当下正在做的事情，不让它杂乱，要做什么就专心做什么；当这件事情过去了，我绝对不留恋。这个小妙方，其实包含三个方面的意思，一是要着眼于当下，好好把握眼前的时光，竭尽全力做好正在做的事情。二是不纠结不忧虑未来可能出现的矛盾；三是要勇于放下过去，切忌为过去的事或人而纠结或悔恨。

生活中，许多人喜欢预支明天的烦恼，想要早一天解决掉明天的烦恼。要知道，明天如果有烦恼，你今天是无法解决的。还有的人总喜欢为过去的事耿耿于怀或悔恨不已，殊不知，昨天已经成为生命中永久的过往，你再痛苦都无法让昨天重来，何必让今天为昨天的痛苦埋单呢？其实，每一天都有每一天的人生功课要交，努力做好今天的功课吧！

汉宣帝继位之初，想下诏把祭拜汉武帝的"庙乐"升格，不料却遭到了当时任光禄大夫的夏侯胜的反对，丞相、御史大夫等公卿大臣们一阵惶恐，夏侯胜胆敢反对皇上，这还了得！于是便马上联合上了一道奏章，弹劾夏侯胜"大逆不道"。顺便把不肯在奏章上签名的丞相黄霸也以"不举劾"的罪名一道上报给了皇帝。于是这两个人被一起逮捕下狱，判了死罪，等待择日处死。

夏侯胜在当时是有名的大儒，尤其精通《尚书》，素来性情耿直，不会阿谀逢迎，如今受此大辱，郁郁寡欢，想皇上的寡恩，想人生的无常，

不免心灰意冷。好在那个更冤的黄霸跟他关在了一起，寂寞之中，还有人可以说说话。

黄霸生性乐观，他早就仰慕夏侯胜，只是无缘亲近，没想到因意外的灾祸被关进了同一间牢房，他心想："原来天天忙工作没有时间，现在时间有了，而良师近在眼前，为什么不赶紧补上这一课呢？"黄霸便将求教之意告诉了夏侯胜。夏侯胜苦笑，说："咱们都犯了死罪，不久就要被处死了，现在读经有什么用？"黄霸说："孔子有言：'朝闻道，夕死可矣。'人应该活在当下，抓住现在，学有所得，心有所悟。今天就是快乐的，何必管虚无缥缈的明天呢？"夏侯胜听了精神为之一振，内心里大为震动，当即答应了黄霸的请求。从此，两人席地而坐，每天夏侯胜都悉心向黄霸传授《尚书》，黄霸尽心听讲，二人日夜讲学津津有味，研读到精妙处还拊掌大笑，弄得监狱的看守一头雾水，搞不懂两个将死的人为什么这么快乐。

不久，有人促请汉宣帝把夏侯胜和黄霸执行死刑，汉宣帝派人到狱中调查这两个人是否有悔改之意，回报说他们每天以读书为乐，面无忧色。汉宣帝心中不满，但也感叹两人之贤，不忍杀之，以至此案久拖不决。

虽然身在监牢之中，决意活在当下的夏侯胜和黄霸心无阻碍，没有什么能够束缚住他们了。时间不再是他们的敌人，因为专注于当下的事情，不知不觉间两个冬天便过去了，他们也没有感到时间的漫长，反倒是学问研究得愈益精到，思想有了长进，精神也更加充实。

两年后的一天，汉宣帝大赦天下，夏侯胜和黄霸得以出狱，不过他们并没有被逐回老家，而是又直接被宣进朝廷，夏侯胜被任命为谏大夫，留在皇帝身边，黄霸为扬州刺史，外放做官。后来夏侯胜以正直博学做了太子的老师，90岁逝世，为谢师恩，太子为他穿了五天素服，天下儒生都引以为荣。黄霸以精明干练、政绩卓著名扬天下，后来官至丞相，史书评价他，自汉朝建立以来，才能卓异的丞相多多，但论到治理百姓，则"以霸为首”。

可见，“未来不迎，当时不杂，过往不恋”是一种全身心地投入人生的生活方式。当你专注于当下时，你全部的能量都集中在这一刻，生命因此具有一种强烈的张力，这种张力甚至可以改变糟糕的现状，就像夏侯胜和黄霸一样，全然专注于当下时，所有的劫难也就自然化解了。

所以，当你在为过去或未来虚幻的事情忧虑时，记得用曾国藩的那句话提醒自己，努力做到未来不迎、当时不杂、过往不恋，当你的精力专注于当下或眼前的事情时，你脑中所有的虚空的幻想便都烟消云散了。

## 04. 别总在小事上纠缠不休

很多人都能勇敢地面对生活中的那些大风大浪，结果却常常被一些小事搞得垂头丧气。生活中，我们的忧虑很多时候都来自无足轻重的小事，身为部门主管的张女士也发觉了这一点。她手下的人能够毫无怨言地从事危险而又艰苦的工作，“可是，我却知道，有好几个宿舍的人彼此间都不怎么说话，因为怀疑别人把东西放乱，占了自己的地方。有一个讲究空腹进食细嚼健康法的家伙，每口食物都要咀嚼 28 次。而另一人一定要找一个看不见这家伙的位子坐着才吃得下去饭。”

据调查，“小事”如果发生在婚姻生活中，还会造成婚姻的不美满。洛杉矶的一位法官在仲裁过四万多件不愉快的婚姻案件之后这样说道：“婚姻生活之所以不美满，最基本的原因往往都是一些小事。”

两千多年前，雅典的政治家伯利克里就曾经留下一句名言：“请注意啊，我们已经将太多的精力纠缠于一些小事情了！”安德列·摩瑞斯在《本周》杂志中也有类似的提醒：“这些话，曾经帮助我经历了很多痛苦的事情。我们常常因一点小事，一些本该不屑一顾的小事，弄得心烦意乱……我们生活在这个世界上只有短短的几十年，而我们浪费了很多不可能再补回来的时间，去为那些一年半载之内就会忘掉的小事发愁。我们应该把我们的时间用于有意义的行动和感觉上，让我们的思想变得伟大，去体会那些真正的感情。因为生命太短促了，不该只顾及那些无聊的小事。”的确，生活是由一系列的小事组成的，但如果我们过多地拘泥、计较这些小事，那我们的人生也没什么意义和乐趣可言了，我们触目所及的必然都是烦恼、痛苦、矛盾与冲突。

一位作家，平时在家里写作的时候，经常被邻居家小孩的吵闹声烦得要发疯，他每天都很不高兴，有时甚至想站在窗口对着邻居家的窗户破口大骂，但他最终忍住了。

有一天，他和几个朋友出去露营，在帐篷中小憩的他，时不时能听到外边小孩的嬉戏声，他觉得那声音简直美妙极了。这声音和邻居家小孩的声音不是一样的么，为何自己会喜欢这个声音而讨厌那个声音呢？回来后他告诫自己：在大自然中嬉戏的小孩的声音很好听，邻居家小孩的声音也差不多。我完全可以全身心地投入我的文字中，不去理会这些噪音。结果，头几天他还注意邻居家里传来的声音，可不久他就完全将它们忘了。

很多小忧虑也是如此。我们不喜欢一些小事，结果弄得整个人很沮丧。其实，我们都夸大了那些小事的重要性……正如狄士雷里所说：“生命太短促了，不要再顾虑小事了。”

哈瑞·爱默生·富斯狄克讲过这样一个故事：“在卡罗拉多州长山的山坡上，躺着一棵大树的残躯。自然科学家发现，它已经有四百多年的历史了。在它漫长的生命历程中，曾被闪电击中过14次，曾被无数的狂风暴雨侵袭过，但它最终还是挺过来了。但在最后，一小队甲虫的攻击使它永远地倒在地上。那些甲虫从根部向里咬，渐渐地伤了它的元气。虽然它们很小，却是持续不断地攻击。这样一棵森林中的巨树，岁月不曾使它枯萎，闪电不曾将它击倒，狂风暴雨不曾将它动摇，却被一小队用大拇指和食指就能捏死的小甲虫弄倒了。”

我们人类不正像森林中那棵身经百战的大树吗？我们也曾经历过生命中无数的狂风暴雨的袭击，也都撑过来了，可是却让忧虑这个小甲虫噬咬——那些用大拇指和食指就可以捏死的小甲虫。

实际上，有许多的小事情别人并没有在意，只是你自己过于敏感罢了。所以，当你在为一些小事忧虑时，建议你把注意力从那些小事上转移一下，往快乐的方面想一想，保证你心情舒畅、无忧无虑。忙碌起来吧，我们的大脑不能让忧虑有空子可钻；大度点吧，否则忧虑这小甲虫就有机可乘了。

## 05. 用每一个快乐的“当下”来充盈你的生命

全心全意地活在“当下”是让人生丰富的唯一方式。那些整天为昨天懊恼或为明天担忧的人，他们也许拥有很多的物质财富，但他们却是真正意义上的“穷人”，因为他们的生命质量是低下的。一个人若总是活在喜乐之中，那其外在再过贫穷，其生命也是丰盈的，他也是富有的。而相反，一个人如果整日都郁郁寡欢，其拥有再多的财富，其生命质量也是低下的，其人生也是贫穷的。

人的生命是由每一个“当下”组成的，我们只有让“当下”的每一刻都过得快乐、安宁，才是从根本上提升了生命的意义。一位哲学家说：“‘过去’和‘未来’是人类语言中最危险的两个词汇，当它们带着负面能量袭来时，就能毁掉‘当下’的一切，这也等于毁掉了生命本身。”的确，我们经常被“过去”和“未来”拖着向前走，生命也在不自觉间被动地被拖入了不快乐和不幸中。

当你的生命走到尽头的时候，你是否问过自己这样一个问题：你的一生真的了无遗憾了吗？你认为自己想做的事情真的做了吗？你有没有真正地笑过、真正地快乐过？

你可以静下心来回想一下自己过去的时光：年轻的时候，你为了未来有一份好工作，拼了命地想挤进一流的大学；随后，工作后为了未来的生活能过得好点就拼命地想升职；接着，你开始迫不及待地结婚、生小孩，然后，你又整天盼望小孩能快点长大，好减轻你的负担；后来，小孩长大了，你又恨不得赶快退休；最后，你真的退休了，但却老得几乎走不动路了……当你正想停下来好好喘口气做点自己真正想做的事情的时候，生命也快要结束了。

其实，这不就是大多数人的写照吗？他们劳碌了一生，时时刻刻为生命担忧，为未来做准备，一心一意计划着以后发生的事，却忘了把眼光放在“现在”，等到时间一分一秒地溜过，才恍然大悟“时不我待”。

玛丽是一位都市白领，尽管薪水高、待遇好，但她却过得并不快乐，因为工作只是她维系生活的工具而已。每天她都会工作到很晚，为了忙工作，她曾经错失了几段美好的爱情。同事问她：“你对工作为何如此拼命呢？”玛丽说：“我要赚很多的钱，以后要换大的房子。”

几年过去了，玛丽的收入越来越高，房子也换得更大，职位也连升好几级，可是，她并没有变得更快乐，而且还觉得不满足：“哎，我应该再多赚一点！职位更高一点，想办法过得更舒适！”

后来，她的朋友看她憔悴的样子，安慰她说：“就算你得到再多，也不会觉得快乐的。不仅现在不够，以后永远也不会嫌够。你要知道，真正的满足不是在‘以后’，而是在‘此时此刻’，那些想追求的美好事物，不必费尽心思等到以后，现在便已经拥有了。”

其实，现实生活中，有很多像玛丽一样的人，他们无法专注于“现在”，总是若有所想，心不在焉，将所有的力气都耗费在“明天”，甚至想下半辈子的事情，这样永远也难以感受到快乐。正如一位作家所说：“当你存心去找快乐的时候，往往找不到，唯有让自己活在‘现在’，全神贯注于周围的事物，快乐便不请自来。”

要想让生命过得丰盈而有意义，就要勇于抓住当下，简单地说，“当下”指的就是你现在正在做的事情、待的地方、周围一起工作和生活的人。专注于当下就是把你关注的焦点集中在这些人、事、物上面，全心全意地认真去接纳、品尝、投入和体验这一切。

你可能会说：“这有什么难的？我不是一直都活着并与它们为伍吗？”话是不错，问题是，你是不是一直活得很匆忙，不论是吃饭、走路、睡觉、娱乐，你总是没什么耐性，急着想赶赴下一个目标？因为，你觉得还有更伟大的志向正等着你去完成，不能把多余的时间浪费在“现在”这些事情上面。专注于“现在”就是要全身心地投入到当下，用每一个“现在”充盈你的生命。要知道，人生的真正意义，不过是嗅嗅身旁的每一朵绮丽的花，享受一路走来的点点滴滴而已。毕竟，昨日已成历史，明日尚不可知，只有“现在”才是上天赐予我们的最好的礼物。

## 06. 学习是你抵御恐慌的“良药”

生活中，每个人都会有被恐惶无助袭击的时候：被人在背后论是非，被同事抢了功劳，被老板无端地责骂，被工作压力袭击，被老公指责，被孩子下降的成绩恼心……种种不如意，会像炸弹一样，还未等你准备好，便在你周围引爆，搞得你措手不及，心烦意乱。而这时，很多内心缺乏定力的人，只会随意发脾气，引来坏情绪，从而越来越恐惶，将自己置于焦虑的泥潭中无法自拔。

情感作家苏岑曾经说过：“恐惶无助，揭示了人生的短板。”快乐的时候，人们可以稍事放纵，当你感受到无助，这就是来自上天的信号：该给自己添点料了。而学习，无疑是你抵制无助的最佳“克星”，你可以尝试一下：

当听到有人在背后说你坏话，别把时间用在寻仇反击上，跟着电视学一道小菜，便能保证你的餐桌上更有营养，更能引人夸赞。

当被同事抢了功劳，别把时间浪费在咒骂上，先放下手头的工作，约闺密一起去逛街，不一定非要买东西，在高级商场逛上一天，你就会发现，自己的审美品位一下子提升了。

当你被老板无端责骂，别把时间浪费在痛苦揪心上，打开音响学习一支歌曲，当歌唱熟了，心境自然就开阔了。

当你被工作中的难题压得喘不过气来，更不该把时间浪费在买醉上面，买上一本书，里面总有一些知识将来会用得到。

当你被朋友误解，不应该伤心、痛苦，而是先放下眼前的一切，去学习一段舞蹈，等舞蹈学会了，你的心结有可能就解开了。

……

总之，学习是抵抗惶恐无助的最佳“克星”。它能转移你的注意力，帮助你分散对未来的不确定性，并且坚定对自己的信心，更可以把时间利用到最佳值。你变得更为强大，还是越来越卑微，这完全取决于你，在最无助和恐惶的时候，你在干什么。

人很容易陷入情绪的旋涡中，悲伤、焦虑、烦恼等负面情绪常常会不期而至，如果一遇事便沉浸其中，那么，你将会在坏情绪的泥潭中越陷越深。在这个时候，你如果能全身心地去学习一门兴趣，或者专注于一项小的生活技能，以此来转移自我注意力，不仅能很好地控制自身的坏情绪，避免生活滋生出一些不必要的麻烦和烦恼，还可以为你的人生获取乐趣或掌握一种新本领、新技能，何乐而不为呢？很多时候，学习不仅能充实自己的内在，增加你的自信心，它也是减轻你对未来恐惶感的最佳良药。

在快节奏的现实生活中，很多人都缺乏“安全感”，当一个人感到无助或焦虑时，这其实是来自上天的信号：该给自己的人生添点料了。而学习，则是抵制惶恐无助的最佳“克星”。

## 07. 全力专注于“当下”

威廉·格纳斯是一位著名的心理医生，在行医的过程中，他接触最多的就是因为焦虑或忧愁而生病的人，这些人不是为过去而忧虑就是为未来而担心，长期闷闷不乐，最终损害了健康。为了能够彻底地治疗这些病人，威廉·格纳斯为他们开了一个极为简单有效的方子：他告诉这些病人，生命的每一个刹那都是唯一，只要尽力地过好生命中的每一个刹那就可以了。他的意思是说，只要把今天或当下的事情做好，只要尽力使当下快乐和满足就可以了，无须再为过去的昨天或未知的明天担忧。

他说：“我们生命的每一个时光都是唯一的，不复返的，所以我们要活在此刻，不要让明天或过去的忧愁将其浪费掉。只要你无限地珍惜此刻和今天，还有什么事情值得我们去担心呢。”的确如此，如果我们每天都处于忧虑之中，身体早晚会被过去与未来的事情所摧垮。

过一天就努力让自己开心一天，如果我们将自己的精力用来更多地关注眼下的时光与日子，将日子分成一小段一小段，所有的事情就可能会变得容易得多。如果我们只专注于生命“当下”的时光，就没有时间去后悔，没有时间去为未来担忧，烦恼也就不存在了。

柯西是个聪明的孩子。半年前，最疼爱他的外祖母去世了，所以，小家伙很是伤心难过。因为内心的忧伤无从排遣，为此他每天都郁郁寡欢，茶饭不思，更没有心思学习了。这种痛苦的状态已经持续了大半年时间，周围的人都说他是个重感情的好孩子，但是他的父母却极为着急、焦虑，因为大半年时间里，他的忧郁已经严重影响了他的健康。

他的父母也不知如何安慰他。一次，柯西的外公来到他们家，看到如此情形，就决定和他聊聊天。

“你为何如此伤心呢?”外公问他。

“因为外祖母永远离开了我，她再也不会回来了。”他回答。

“那你还知道什么永远也不会回来了吗?”外公问道。

“嗯……不知道。还有什么会永远不会回来呢?”他答不上来，反问道。

“你所度过的所有的时间，以及时间中的事物，过去了就永远不会回来了。就像你的昨天过去，它就会变成永远的昨天，以后我们也无法再回到昨天弥补什么了；就像你的爸爸以前也和你一样小，如果他在你这么小的时候不愉快地玩耍，不好好学习为未来牢牢地打好基础，就再也无法回去重新来一回了；也就如今天的太阳即将落下去，如果我们错过了今天的太阳，就再也找不回原来的了……”

柯西听了外公的话后，每天放学回家就会在自家的院子里面看着太阳一寸寸地沉到地平线下面，就知道一天真的就这么过完了，虽然明天还会升起新的太阳，但是永远也不会有今天的太阳了，他不再沉溺于过去的悲伤之中，而是振作起来，好好学习和生活，认真地把握住自己度过的每一个瞬间。

我们生命中的每一个当下都是独一无二的，它既不是过去的延续，也不是未来的承接。时间是由无数个“当下”串联在一起的，每一个瞬间、每一个当下都将是永恒。所以，当我们吃饭的时候，要专心地吃饭；当我们玩乐的时候，要全然地玩乐；当我们爱上对方的时候，要用心地去爱。就像《飘》里的女主角郝思嘉一样，在自己烦恼的时刻总是对自己说：“现在我不要想这些烦恼的事情，等明天再说，毕竟，明天又是新的一天。”昨天成为过去，明天尚未到来，过好此刻才最真实，否则，此刻即将消失的时光，上哪儿去找?

人生，当下亦是真，缘去即为幻。所以，所有生活在烦恼中的朋友都要共勉：眼前的每一瞬间，都要认真地把握；当下的每一件事，都要认真地去做；生命中的每一个人都要认真地对待，别让发生过的或没有发生的占去一瞬永恒的时光，因为“缘去即为幻”，别让自己徒留“为时已晚”的遗恨。逝者不可追，来者犹可待，当下的时光是生命中最为珍贵的时光——生命的意义就是由这每一个唯一的刹那构成的。

## 08. 别相信概率，注意限制忧虑

生活中，我们的很多忧虑都源于对概率事件的担忧，比如多数人总是会害怕自己有一天会突然出车祸，害怕有一天会被癌症找上门，害怕自己的亲人会突然离开自己……其实，卡耐基也曾有类似的经历，他说过：“我小的时候，心中充满了忧虑，总担心会被活埋，怕被闪电击死，怕死后会进入地狱，还怕一个叫詹姆·怀特的大男孩会割下我的耳朵———像詹姆·怀特曾经威胁过的那样，怕将来不能娶到一个心爱的女孩……”就这样，他经常会花几个小时来想这些“惊天动地”的“大问题”。但是，日子一天天地过去了，卡耐基发现自己所担心的事情，几乎都没发生。后来，卡耐基说：“无论哪一年，被闪电击中的机会，都只有三十五万分之一，而每八个人里就有一个人可能死于癌症。如果我一定要发愁的话，也应该为得癌症发愁——而不该去为可能被闪电击死而忧虑。”可见，很多时候，我们的担忧都是一种空想而已，很多可怕的事情根本不会降临到我们身上。

刘女士是个平静、沉着的女人，朋友对她的评价是“从来没为没有发生的事情而忧虑过”。其实，刘女士曾经也是一个极度忧虑的人，后来因为一句话而改变了她的生活，这使她不再忧虑了。

刘女士的生活曾经差点被忧虑所毁掉。她在自作自受的苦海中生活了整整11年。那个时候她的脾气很坏，很急躁，每天的情绪都很紧张，甚至去外面买东西时她也会想到许多可怕的事情：也许房子被烧了，也许佣人跑了，也许孩子们被汽车撞死了……她经常被这些可怕的事情弄得直冒冷汗，她不得不立即冲出商店，跑回家去，看看一切是否都安好。而实际情况是什么事情也没有发生。这种神经质的状况也曾彻底摧毁了她的第一段婚姻。

刘女士的第二个丈夫是一个律师，他很稳重，有分析能力，从不为任何事情忧虑。每当她紧张或焦虑的时候，丈夫就会对她说："不要慌，让我们好好地想一想，你真正担心的到底是什么呢。我们分析一下概率，看看这种事情是不是有可能发生。"

记得有一次，他们夫妇在一条公路上遇到了一场暴风雨。道路很滑，车子很难控制。她想他们一定会滑到沟里去，可丈夫却一直对她说："我现在开得很慢，不会出事的。即使车子滑到沟里，我们也不会受伤。"他细心和镇定的态度使妻子的情绪也慢慢地平静下来。

有一个夏天，他们开车到郊外的山区去露营。一天晚上，他们把帐篷扎在海拔7000英尺的地带，突然遇到了暴风雨。帐篷在大风中抖着、摇晃着，发出尖厉的呼啸声。她每分钟都在想：帐篷都要被吹垮了，要飞到天上去了。当时刘女士真被吓坏了，可她的丈夫却不停地说："亲爱的，我们有几位印第安向导，他们对这儿了如指掌，他们说在山里扎营已有六七十年了，从没有发生过帐篷被吹跑的事情。根据概率，今晚也不会吹跑帐篷。即使真吹跑了，我们也可以躲到别的帐篷里去，所以你不用紧张。"听罢，刘女士顿时放松了精神，结果那一夜睡得很安稳。

其实，生活中有许多人像刘女士那样整天为不会发生的事情过分地担忧，毁掉了自己当下美好的时光。乔治·库克将军曾说过："几乎所有的忧虑和哀伤，都是来自人们的想象而并非来自现实。"其实，如果我们回顾自己过去的几十年时，你就会发现，我们所忧虑的大部分事情都没有发生，许多烦心和忧愁都是自己给自己绑的绳索，是对自己心力的无端耗费，这就如同自我设置的虚拟的精神陷阱。怀着忧愁度过每一天，设想自己可能遇到的麻烦，只会徒增烦恼。实际上，等烦恼真的来了，再去考虑也为时不晚，别忘了人们常说的那句话：“车到山前必有路，船到桥头自然直。”

今天如同一座独木桥，只能承载今天的重量，假若加上明天的重量，必定轰然倒塌。所以，不要想太多有关未来的事，不要顾虑太多，只要过好现在的生活就行了。当事情还没有发生的时候，不必徒然地担忧，就算我们所担忧的事情真的发生了，也可能因为一些其他的事情而改变，让事情朝着好的方向发展。记住《圣经》里的那句话：不要为明天忧虑，明天自有明天的忧虑，一天的难处一天当就够了！

## 09. 木屑已经很碎了，何须再去锯呢

为过去的事情懊悔、自责或忧虑，本身是对生命的一种浪费，因为生命的本质在于“当下”。对此，卡耐基说：“为那些已经过去的事情忧虑，你不过是在锯一些木屑，那完全是在做无用功。与其浪费力气和时间做这样的无用工，不如忘掉它，想一些积极的方法防止类似的事情再发生。”的确，过去的事情再也不会有重来的机会了，与其忧心忡忡，浪费当下的时光，不如平静地分析错误，从中吸取教训——然后再把错误忘掉。

几年前，露西在繁华的商业中心地带开了一家英语补习班，刚开始她就在房租和广告费上花了一大笔钱。当时她只顾忙着上课，既没有时间，也没有心情去管理财务。

过了差不多一年，她突然发现，虽然补习班的收入不少，但却没有获得一点利润。这个时候，她本该静下心来反思两件事情：第一件就是将损失的那些费用立即从脑子中抹去。第二件就是认真分析错误，并从中吸取教训。可这两件事，她一样也没有做。相反地，一连几个月都恍恍惚惚的，觉也睡不好。不但没有从中学到任何东西，反而接着又犯了一个稍小的同类错误。接下来，她的补习班亏损得更多。为了尽快扭转局势，她只好打起精神，悉心地关心财务，开始学着如何开源节流。几个月后，她的培训班的财务状况有了明显的好转，逐渐地开始盈利并走上正轨。

事后，露西曾对朋友说，解决问题本身是件简单不复杂的事情，早知道如此，何必当初被忧愁折磨那么长时间呢！

生活中，如露西一样的人有很多，问题出来了，只一味地抱怨、忧愁，一味地“锯木屑”，只能错失当下的机会或幸福。其实，人在做了让自己懊悔的事情后，最应该做的就是平静地反省自我，做出积极的反应来弥补错误。

保罗博士是美国纽约市一所著名中学的教师，他在任教期间发现这样一个问题：班上的有些学生平时看起来很用心，但是却总是考不出好成绩。

为此，他就对这些学生展开了调查，发现这类学生经常会为过去的成绩而感到不安，他们经常生活在过去的阴影里，只要有一次考试失败，他们就会生活在自责之中，以致影响了下一步的学习。有的学生甚至从交完试卷后就开始为自己的成绩忧虑了，总担心自己不能及格。为了开导这类同学，保罗博士给他们上了这样一堂难忘的课。

有一天，保罗博士把这些学生招集到实验室，在给他们讲课的过程中，无意间就把一瓶牛奶放在室验桌上。下面的学生们很是不明白这瓶牛奶与自己所学的课程到底有什么关系，只是静静地听着。忽然，保罗博士站了起来，一巴掌将那瓶牛奶打翻在地上，并大声喊道："不要为打翻的牛奶哭泣！"

课堂上的同学都震惊了，但是保罗博士却叫所有的学生都过来，并围拢到洒满牛奶的地方仔细观察那破碎的瓶子与淌着的牛奶。博士一字一句地说："你们仔细看一下，现在牛奶已经淌光了，无论你再抱怨、再后悔都没有办法去取回一滴。你们要是在事前想一些预防的措施，那瓶牛奶还可以保住，但是现在却晚了。我们现在唯一能做的就是尽快地将它忘记，然后注意下一件事情。我希望你们永远记住这个道理！"保罗博士的话，使所有的学生学到了课本上没有的人生道理。

有一句俗话说得好："即使动用国王所有的人马，也不能挽回过去。"的确，过去的事情，你再后悔也没有办法将过去的时光重来一遍。所以，既然过去了，就让它过去吧，我们没必要挽留，也不能挽回，为此而忧虑是于事无补的，不要试图去锯那些早已锯碎的木屑了。

## 10. 理性地面对现实

在生活中，我们会为现实的一切而莫名地担忧，担忧灾难，担忧人生路上的困难……实际上你所担忧的这些都是你内心的想象而已。因为你总是希望自己能够一帆风顺地度过此生，所以，你总会担心未来是否会发生一些意想不到的灾难，你才对明天不知道会发生什么而感到恐惧。但是，你要知道，这个世界不是伊甸园，生活本来就是十分严酷的，它更不是一潭死水，困难与挫折虽然为我们的人生增加了变数，但是也为人生增添了无数的色彩。如果你能够理性地看待你的生活的话，如果你能够接受人生本来就充满了无数的磨难这个事实，那么你就可能不会对未来的现实而过分地担忧。

是的，现实生活并不如我们所想象的那么美丽，有诸如灾难、战乱、环境危机等的问题。与此同时，我们还应该知道，这些问题从人类社会出现起就已经切实地存在了，我们过分地为这些担忧，根本不能改变什么，唯一能做的就是努力用自己的智慧与双手去应对与改进那些不好的事情。如果我们每个人都为此努力的话，世界将会变得更为美好。

事实上，我们今天的生活已经比我们祖先那时要进步、文明得多，这是我们努力的结果。可是，如果我们仅仅为世上发生的苦难哀叹不已，只是抱怨："这真是太糟糕了，我该怎么办呢?"那么，你眼前的世界可能只会变得更糟。

请记住，对现实世界的善意的关切是健康的，并且也是有益的，因为它可以促使你做一些有实际意义的工作，会促使你对改变我们的世界做出一些有意义的贡献。

另外，在很多时候，你心中的任何的"困难"，最为可怕的并不在于困难本身，而在于你将它的严重性过分地扩大，并且最终被困难所吓倒。

罗斯福在担任美国总统期间，西方世界陷入了有史以来十分严重的一次经济危机，美国也遇到了前所未有的经济困难。美国社会经济萧条，在街上随处涌动着失业人群，股市的崩盘也使许多原本富有的人在一夜之间变得一无所有……整个社会最终陷入极为严重的恐慌之中。在这样的局面下，罗斯福说了一句至理名言："恐惧最可怕的地方并不是恐惧本身，而是我们内心对恐惧的扩大化。"

他发表的著名的"炉边夜话"，对帮助人们稳定情绪、平息内心的恐惧起到了十分重要的作用。当内部的恐慌平息后，罗斯福顺利实施了"新政"，最终带领人们走出了困境。

要明白，人类社会从发展到今天，是经历了无数的考验的，遇到了一次又一次的战争、瘟疫和饥荒，但是最终人们还是用勇气和智慧战胜了它们。同样地，一个人的发展也是如此，人生从来都不会是一帆风顺的，任何人的人生都会充满挫折与磨难，这是不可避免的。在很多时候，所谓的“可怕”，也只不过是自己的想象力在作祟罢了，如果过分对未发生的事情担心，只会把你宝贵的当前白白地浪费掉。

# 第二章

## 人之所以会纠结，是因为犹豫不决
## ——懂得放弃，一念放下万般自在

很多人活得纠结，往往在于面临的选择太多，贪欲心太重，既想要“熊掌”，又想要“鱼”，所以一时不知该做出怎样的选择。其实，对于不属于自己的东西、抓不住的情感、触不到的追求，我们完全可以放手，这样才能让自己从犹豫不决的痛苦中解脱。另外，还有些人纠结，是因为不能专注于当下，遇事总爱思前想后。要摆脱纠结，就要专注于当下，别为虚无的未来阻碍了现在的决定。

### 01. 纠结源于“两难选择”

很多人的纠结往往来自于生活中过多的选择。比如，你获得了两个实力相当的就业单位的青睐，要做出选择，就会纠结；你获得了两个人的追求，要从中选择一个时，你就会纠结；早晨起床，你会对着满柜的衣服不知穿哪件而犯愁……其实，当生活中有一种选择的时候，我们的内心往往是平静而快乐的，但是可供选择的事物一旦多了起来，生活中的烦恼也就来了，而这些烦恼主要源于我们在选择时患得患失的犹豫心理。

森林中生活着一群猴子，每天当太阳升起时，它们会从洞中爬起来外出觅食，当太阳落山时，它们又会自觉地回洞中休息，日子过得极为平静而快乐。

一名游客在游玩的过程中，不小心将手表丢在了森林中。猴子卡卡在外出觅食的过程中捡到了。聪明的卡卡很快就搞清楚了手表的用途，于是，它就自然地掌控了整个猴群的作息时间。不久后，它就凭借自己在猴群中的威信，成为猴王。

当聪明的卡卡意识到是这只手表给自己带来了机遇与好运后，每天就利用大部分的时间在森林中寻找，希望自己可以得到更多的手表。工夫不负有心人，聪明的卡卡终于又找到了第二块手表，乃至第三块。

但出乎卡卡意料的是，它得到了三块手表反而给自己带来了新的麻烦和痛苦，因为每块手表所显示的时间都不尽相同，卡卡无法确定哪块手表上显示的时间是正确的。猴子们也发现，每次来问时间的时候，它总是支支吾吾回答不上来。一段时间后，卡卡在猴群中的威望也大大下降，整个猴群的作息时间也变得一塌糊涂，大家就愤怒地将卡卡推下了猴王的位置……

这就是心理学上有名的“手表定律”，当猴子只有一块手表的时候，它们能确定时间，当出现了两块手表时，猴子卡卡的烦恼和痛苦也就来了，因为它不知道以哪一块为标准。其实，这就如我们生活中所遇到的难题，大多都是因为选择太多而给人带来的烦恼。为此，要彻底摆脱烦恼，就要有敢于舍弃的勇气和魄力。如果你缺乏这种勇气或者魄力，那就试着过一种简单的生活吧。当多种选择变成唯一的选择时，人也就没有那么多混乱、纠结和烦恼了。

有一个诗人，为了追求心灵的满足，他不断地从一个地方到另一个地方。他的一生都是在路上、在各种交通工具和旅馆中度过的。当然这也并不是说他自己没有能力为自己买一座房子，这只是他选择的生存方式。

后来，由于他年老体衰，有关部门鉴于他为文化艺术所做的贡献，就给他免费提供一所住宅，但是他拒绝了。理由是他不愿意让自己的生活有太多的“选择”，他不愿意为外在的房子、物质等耗费精力。就这样，这位独行的诗人，在旅馆中和路途中度过了自己的一生。

诗人死后，朋友在为其整理遗物时发现，他一生的物质财富就是一个简单的行囊，行囊里是供写作用的纸笔和简单的衣物；而在精神方面，他给世人留下了十卷极为优美的诗歌与随笔作品。

这位诗人正是勇于舍弃了外在的物质享受，选择了一种简约的生活，最终才丰富了精神生活，为人类做出了巨大的贡献。他的人生是一种去繁就简的人生，没有太多不必要的干扰，没有太多欲望的压力，是一种快乐而又纯粹的人生。

正如尼采所说：如果你是幸运的，你必须只选择一个目标，或者选择一种道德而不要贪多，这样你会活得快乐些。正如一个电脑一样，在其系统中安装的应用软件越多，电脑运行的速度就越慢，并且在电脑运行的过程中，还会有大量的垃圾文件、错误信息不断产生，若不及时清理掉，不仅会影响电脑的运行速度，还会造成死机甚至整个系统的瘫痪。所以，必须要定期地删除多余的软件，及时清理掉那些无用的垃圾文件，这样才能保证电脑的正常运行。我们要想过一种幸福而快乐的生活，就不能让自己背负太多的东西，学会去繁就简，过一种简单的生活，这样才不至于使自己在众多的选择面前无所适从。

## 02. 失败往往从患得患失开始

你是否会因为畏畏缩缩、犹豫不决而错失过许多的机会？你是否因为心浮气躁、缺乏坚持而遭遇许多的失败？是否因为得失心太重、过于计较而失去了更多？面对这些，你是否经常感到困惑、愁眉不展？是否感到命运不济，纠结无奈……其实，一个人之所以会出现类似于以上情况的根本原因就在于其一个人的心理常处于患得患失中，从而缺乏正确的认知来感悟和应对现实中的一切。

瓦伦达是美国著名的高空走钢丝表演者，在一次极为重大的表演中，不幸失足身亡。事后，他的妻子这样说道："我已经预想到他会出事了。因为他上场前总是不停地说，这次太重要了，不能失败，绝对不能失败；而以前的每次成功的表演，他总全身心地想着走钢丝这件事情，而不去管这件事情所带给他的一切结果。"

这就是心理学上著名的"瓦伦达心态"，即指一个人专心致志地做事，不患得患失的心态。其实，人生中的许多失败都是从患得患失开始的。

美国斯坦福大学的一项研究表明，人体大脑中的某一个图像会像实际情况那样刺激人的神经系统。比如一个高尔夫球手击球前一再告诉自己"不要把球打进水中"时，他的大脑中往往就会出现"球掉进水中"的情景，而结果真的就将球打进了水中。这项研究是从反面证实了瓦伦达心态。

我们做任何事情，其法则就是如此：如果太过计较，太看中结果，心中就会产生患得患失的犹豫心理，最终只会将事情弄得更糟糕。其实，在任何时候，你只要注重事物本身的特点以及运行规律，专心致志地将之做好，你就能收到意想不到的效果。

在美国加州曾发生过这样一个故事，一位富有的企业家每天上班总会路过一个公园，而公园的同一张长凳上总是睡着一个人，那人穿得破破烂烂的，看起来就是个流浪者。总是这么一个画面，企业家渐渐地看在眼里，看得久了，他发现流浪者每次躺在长凳上并没有睡觉，反而大多数的时间是在死死地盯着公园对面的豪华宾馆。而这个宾馆也是企业家经常下榻的宾馆。

终于，某一个清晨，企业家在路过公园时让司机停下了车，他想和这个出现在他视线中的流浪者聊一聊。

"你为何每天都睡在同一个公园的同一张长凳上，它与其他长凳有什么不同吗?"企业家问道。

"嗯，因为只有这张长凳刚好可以看到对面的宾馆。只有看到那个宾馆，我才会睡得香甜。”

“为什么?”

“因为我没有钱住在房子中，所以每天只能睡在免费的公园里，不过只要我看着这个豪华的宾馆，想象着住进去的感觉，这样就算我睡在长凳上，梦里却住进了宾馆里。这种感觉很好。”

“原来如此。那我就让你如愿以偿。今晚你就可以住进去了。我会为你付一个月的房费。”

流浪者欣然住了进去。可是，没过几天，企业家却又在公园的长凳上看到了躺着的流浪者，离一个月期限还早着呢，为何他又睡回了长凳呢?富翁便将心中疑惑问了出来。

流浪者说：“在长凳上睡觉时，我每晚都做美梦，睡得十分香甜，可是在宾馆时，我每晚都做噩梦，虽然身体睡在舒适的床上，可是梦里的我却回到了冷冰冰的长凳上，以至于我很多次被惊醒。根本就睡不好。”

现实生活中，很多人其实就如同故事中的乞丐一般，得不到时失落、惆怅，做梦都想得到，真正得到了，却又担心、恐惧，做梦都怕失去，这便是患得患失的心理，也是影响一个人成败的最大心理隐患。在爱情中，患得患失会使我们心力交瘁，就像捧着薄如蝉翼的琉璃，力度大了怕碎了，力度轻了怕摔了，捧不着心慌，捧着了又心焦，何来享受爱情?在交际中，因为患得患失我们总爱与人斤斤计较，总怕自己吃亏，被别人占了便宜，从而忽视了真诚和付出，于是朋友就越来越少，心灵越来越孤单；在职场中，我们功利心太重，既想得到高职位又想获得清闲，整天忧心忡忡，烦躁不安……庄子说，当我们患得患失时，当我们心有疑虑时，我们所有的经验和技巧，都不可能得到最好的发挥。可以说，患得患失是一种最常见而又严重的心理隐患，它让我们错失机会、人缘变差、婚姻爱情失败，甚至在事业上一败涂地，所以，我们要摆正心态，学会勇敢面对，从而摆脱患得患失的心理。

## 03. 完美主义者，拿什么拯救你的纠结

很多人遇事之所以会产生纠结的心理，其还有一个原因是太过追求完美。为此，他们在做任何决策时便会显得异常犹豫，不果断，不坚定，摇摆不定，从而导致困惑的心理。

今年32岁的梅华毕业于一所名校，人也长得十分漂亮，从小到大都比较顺利。如今她是一家大型集团公司的主管，在别人眼中，这样的女孩应该受人欢迎才是，但她却因为事事都追求完美而经常陷入坏情绪的包围中，苦不堪言。

原来，在单位中，她经常会因为看不惯同事的坏习惯而与他们发生矛盾，人际关系也较差。在工作时，她总是看谁都不顺眼，见谁都不想搭理，总是觉得每个人身上都有一大堆她无法容忍的毛病。对下属的工作她也总是很挑剔，每一个策划案交过去，她总是会挑出一大堆毛病，让下属改了又改，直到她满意为止。为此，很多同事都抱怨连天，觉得与她在一起工作就是一种煎熬。这也梅华感到很痛苦，她从不怀疑自己的工作能力，但对于自己是否要继续待在这里却拿不定主意。

离开吧，这里的待遇、工作环境都相当不错，有些舍不得。不离开这里吧，又十分烦恼，尤其对每项工作的完美追求，让她经常陷入痛苦之中无法自拔。

其实，像梅华这样的人很常见，他们往往会因为过于追求完美而将自己拖入负面情绪中。本来，追求完美是人的一种心理特点或者说是人的一种天性，按理说，这并没有什么不好。人类也正是在追求中才不断地完美自己，创造出了五彩缤纷的世界。但是，凡事都要适度，如果因为缺失那么一点点而耿耿于怀或顽固到底，那就大可不必了。要知道，为了从

99.9%跨越到理想中的100%，你会为最终的那0.1%付出多出正常标准很多倍的时间、精力。更何况，世界上100%的完美根本就不存在。

《茶之书》是日本冈仓天心的名作，在书中有这样一个故事：

茶师千利休看着儿子少庵在认真地打扫庭园。一会儿，儿子就完成工作了，而茶师却说道：“你打扫得太不认真了，根本不够干净。你必须要再重做一次。”于是，少庵又花了一上午的时间去打扫。

然后他说道：“父亲，我现在已经没事可做了。石阶已经清洗了三次，石灯笼也擦拭了很多遍。树木也全部浇了一遍，就连苔藓上也一尘不染地闪耀着翠绿。完全没有一枝一叶留在这上面。”

茶师却斥责道：“傻瓜，这根本不是打扫庭园的方法。这是洁癖，你懂吗?”说着，他就快速地步入园中，使劲地摇晃一棵树，抖下了一地金色和红色的树叶。最终，茶师说道，打扫庭园不只是要求要清洁，也要求美和自然，凡事太苛求，不仅是在给自己增加负担，也让事情本身失去了原有的美。

千利休看似在训诫儿子少庵做事太死板、生硬，实则是在斥责他太过苛求。苛求绝对完美的心态与做法，不仅违背了自然，也往往使我们离完美太过遥远。

## 04. 太多的顾虑是一种心理“包袱”

生活中，多数人的纠结都源于太多的顾虑，遇事总爱思前想后，忧虑重重，这会给人的心理造成一定的负担。其实，这种焦虑和矛盾无非是在做决定时所产生的犹豫不决、难以割舍的矛盾心理。

刘蕾是一家公司企划部的管理人员，平时工作能力很强，也有个幸福的家庭。依她各方面的条件，生活应该过得很快乐才是，但事实并非如此。

原来，刘蕾在各方面都很出色，唯一令她苦恼的就是她本人在做事情前总是顾虑太多，做任何决定前总会犹豫不决。有时候，虽然自己下了决定，但心中总是不自觉地会放不下，时常会担心自己的决定是否正确。尽管她的同事都说她在各方面已经考虑得很周全了，但是她仍旧还是害怕自己会出错，害怕出错后被别人嘲笑。为此，她经常使自己陷入焦虑与苦恼之中。内心越焦虑越苦恼，在做判断的时候，就越容易出错。

在工作中，一个很简单的策划方案，她也经常会因为犹豫不决，最终错失了方案实施的具体时机，给公司带来损失。犯了错误后，她又会置自己于痛苦之中，就这样导致恶性循环。一年下来，刘蕾就被降了职。

一个人考虑得越多，心里的折磨就越大，前进的步伐就越艰难。刘蕾心理上产生包袱的主要原因是因为她太过于在乎别人对她的评价和看法，也就是说，她太在意一些东西，太害怕失去，所以才患得患失，从而心理上受到了极大的折磨。

其实，要想得到，必然会失去一些东西。别人的眼光根本不重要，关键是自己怎么看自己，所以，不要给自己头上戴上美丽的大帽子，把自己压得喘不过气来。

人在害怕失去的同时，又期望自己什么都能得到，想要这个，想要那个，所以才会痛苦；因为肩上的东西太多，把已经拥有的抓得太紧，所以才会患得患失。如果什么都想要，最后不仅什么都得不到，还会徒增许多痛苦。

另外，人在做决定时顾虑太多，也是阻碍其成功的重要因素。有一位学者为了寻找成功的真谛，曾经做过无数的调查和心理测试，最后得出这些成功人士在短期内取得成功，可能是因为他们做事的速度比较快。他们看准一个目标后，会立即付诸行动，遇到两难选择时，他们会冷静地权衡得失，迅速地做出决定。最终这位学者得出一个结论，即做决定时从不畏首畏尾、不半途而废是成大事者最重要的心理素质之一。的确，一个人如果在机会面前总是畏手缩脚，犹豫不决，只会让机会白白溜走。

其实，在现代社会中，一个人果断的判断力，是其高能力的一个重要组成部分。面对瞬息万变的信息、捉摸不定的局势，果断做出决策，要比犹豫不决、优柔寡断的做法，更能赢得机会，取得成功。

艾森豪威尔是美国第三十四届总统，还是世界反法西斯战争的杰出统帅和五星上将，他自身有着非凡的当机立断的魄力。

尤其在1944年6月6日，在诺曼底登陆战前夜，他更是表现出了非凡的当机立断筹谋盘算的魄力，从而使诺曼底登陆战役取得辉煌胜利，最终扭转了整个战局，沉重打击了法西斯势力。

就在登陆前夕，因为天气情况恶劣，一直下着大雨，当时的气象学家断言6月7日就能转晴。如果天气不转晴，那么空降兵将根本无法登陆，将会使整个登陆计划完全失败，使五十多万名士兵面临着牺牲的危险。在诸多将军都迟疑不决的时候，艾森豪威尔就当机立断，命令全军在6月6日登陆，最终赢得了战斗的胜利。

可见，当机立断的魄力是成大事者所必备的能力，而遇事总是优柔寡断、忧心忡忡只会让人在关键时刻一败涂地。要知道，现在是信息社会，信息瞬息万变，机会稍纵即逝，要想抓住机会就别让自己总在犹豫中徘徊，让心灵背上沉重的“包袱”，而是要当机立断。当然了，当机立断并非是盲目地行动，而是需要在正确的分析、判断的情况下敢于拍板，这样才能够临危不惧，一举解决当前的难题。

## 05. 站在这“山”，慎看那“山”

很多人会纠结，是因为内在的贪欲，他们站在这“山”，往往还望着对面的“山”，想得到这个又想获得那个，所以，痛苦和烦恼自然就来了。

一个人要想有一个健康的身体，就要舍弃一些休息，多运动、锻炼；要想获得事业上的成功，就得经历挫折和痛苦的磨砺……如果想有所得，必然是要舍弃一些东西，如果都想拥有或占有，那么烦恼必生。

王波是某著名企业的高级管理人员，在这家企业工作已有四年。但是最近他发现自己越来越厌倦自己的工作了。因为他觉得自己再也承受不了巨大的工作压力了，整天没完没了的电话让他烦不胜烦。

上周六，王波好不容易抽出时间带家人出去旅游，本想趁这个机会好好地放松一下。结果还没登上飞机就接到了公司打来的两个电话，接下来的三天，他更是频繁地接到电话，那时他真想把手机砸了。就在第四天的时候，公司的一个紧急电话使他十天的旅游计划彻底泡汤了。在无奈之下，他只好携家人一起回去。

回到公司后，王波就找到自己的上司，神情沮丧地对领导说出自己的压力有多么地大，心里有多么地烦躁，并且恳请上司给他换一个轻松一点的职位，不然自己可能要崩溃了。领导也从他说话的口气中听出来他所背负的压力是巨大的。于是，没过多久就提拔他到办公室去做自己的业务助理。这个位置只是个闲差，平时没什么大事，只是整理一下客户资料，陪上司出去应酬什么的。其实说白了，就是明升暗降，但是王波却感到轻松了些，所以心中也是十分感激的。

总算可以安静下来休息一下了，刚开始王波对上司的这个安排十分满意。但是，这种清闲日子没持续几天，一个更为严重的问题又让他陷入了焦虑之中。公司平时重要的会议，他几乎没什么机会去参加。即便是偶尔去了，也会被安排在一个十分不起眼的位置上，没有发言的资格。而在以前，重要会议他总是会被安排在前排发表讲话的。这让王波有了一种莫名的失落感，心里顿时像放了块大石头般难受。

办公室的工作尽管是清闲的，但时间长了，他却感觉越来越乏味，总觉得自己没面子，感觉其他的同事在背后偷偷地议论自己。以前的工作虽忙了些，但是有成就感，而现在整个人就像被废了一样，他感觉自己比以前更加焦虑和心烦了……

王波既想轻松，又想被重用，得了这个又想要那个，这就产生了矛盾，矛盾引发了焦虑。要知道，世界上是不存在十全十美的事情，每件事物都是有正反两面性的，忙碌的背后必定是重用，清闲的背后必要被轻视。王波没有想到这一点，站在这“山”，又看着对面的“山”，在忙碌的时候总想着清闲，得到清闲后又想着被重用，痛苦和烦躁自然就会滋生。

在生活中，很多人都是如此，他们只愿得到不愿失去，既想得到好处，又不愿意出力，到头来只能失去了所有，后悔和痛苦的也只有自己。

想获得成功，又害怕经历磨难；想获得清闲，又会因为无所事事而失落；得到高薪的工作，又感到压力太大、责任太重……总是这样患得患失，如何能使自己的内心获得平静、获得快乐呢？

要知道，快乐与痛苦从来都不是孤立地存在的，祸和福永远都是相依的，一件事的正面是快乐，背面就必然是痛苦，如果你想得到，就必然要付出一定的代价。认清了这一点，心中的不平衡也自然会消失。

“鱼，我所欲也，熊掌，亦我所欲也；二者不可得兼，舍鱼而取熊掌者也。”几千年前的孟子，就已做出了这样的阐述，这正是人们获得成功、获得快乐的最佳心灵读本。懂得果敢地放弃和义无反顾地选择，这是一种智慧，也只有这样，才会活得快乐、活得潇洒，获得心灵上的慰藉。

## 06. 适当为自己的人生做减法

人生在世，其实最难得的，就是能够达到简单的境界。这是排除纠结、烦恼的主要方法之一。在现代快节奏的生活中，我们不停地为自己的人生做加法：追求物欲，要置办房子、车子等，这让我们的心灵背上了沉重的负担。适当地为人生做减法，将心灵的负累降到最低，才能在轻松中体味到更多的快乐。

吉姆·特纳在自己40岁的时候，继承了拥有三十多亿美元资产的莱斯勒石油公司。当时，所有人都认为这位新上任的总裁会在自己的有生之年大干一番，好好地为公司做加法，而吉姆·特纳却并没有如人们想象的那样去做。

吉姆·特纳先组建起一个评估团，对公司资产做了全面盘点，然后以50年做基数，在资财总和中先减去自己和全家所需、社会应承担的费用，再减去应付的银行利息、公司刚性支出、生产投资，等等，一切评估做完后，他发现还剩下8000万美元。剩余的钱如何用？

他先拿出3000万为家乡建起一所大学，余下5000万则全部捐给了美国社会福利基金会。人们对他的行为表示不理解，他却说："这笔钱对我已没有实质意义，用了它就减去了我生命中的负担。"

在公司员工的印象中，吉姆·特纳从来没有愁眉苦脸、唉声叹气的时候。太平洋海啸，给公司造成一亿多美元损失，他在董事会上依然谈笑风生，说："纵然减去一亿美元，我还是比你们富有十倍，我就有多于你们十倍的快乐。"当灾难降临到他的头上，他的一个孩子在车祸中不幸身亡，他说："我有五个孩子，减去一个痛苦，我还有四个幸福。"

吉姆·特纳活到85岁悄然谢世，他在自己的墓碑上留下这样一行字：最令我欣慰的是我能在最后几十年为自己做了人生减法！

吉姆·特纳正是因为勇于给自己的人生做减法，才获得了幸福和快乐。如果他像人们所想的那样，在有生之年大干一番，只"取"不"舍"，那么其人生的几十年就可能在忧愁和痛苦中度过了。

为人生做减法已经成为当今社会的一种时尚。所谓的为人生做减法，就是"减去"一些不必要的负担。生活中这样的"负担"有很多。比如：奢侈的生活、财富、旧习惯，等等，这些对于不同的人在不同的情况下来说，“减去”的内容也是不同的，要根据自己的生活需求选择那些让心灵负累的东西。另外，我们在舍弃时，应该明确是为什么而放，这样才使你的放弃有价值。

另外，我们在面临过多的选择时，也要学会做减法。年少时，我们精力不济、能力不足、智力不逮，我们会自觉舍弃、删除那些心有余而力不能及的目标，事业有成时做减法，更考验一个人的悟性、耐心和定力。古代的养生方式就是，少思、少念、少欲、少事、少语、少笑、少愁、少乐、少喜、少怒、少好、少恶。其实，做减法，也是在做加法，减去了那些不切实的、不恰当的人生计划，而还我们一个更加充实、更为和谐、更有尊严的人生！

什么也不愿放弃的人，常会失去更珍贵的东西。拿得起，固然可贵；但放得下，才是人生处世的真谛。

人生在世几十年，做人要拿得起，放得下。拿得起在于不要随波逐流，保持自我；放得下在于通达世故，使自己免于伤害。只有放得下，才能将拿得起的东西更好地把握住，抓住最重要的东西。只有这样，你的人生才会有一个更美好的结局。

## 07. 专注于当下，是摆脱纠结最好的办法

关于如何摆脱纠结，罗振宇说，我们在为纠结的事情焦虑的时候，切忌“目光远大”、“畏首畏尾”，一定要学会“鼠目寸光”，把眼下该办的事情做好。这样所有的矛盾，都会在你往前走的过程当中自然地化解掉。也就是说，要摆脱纠结，最好把你的注意力集中于当下，别为没有发生的事情而担忧。

比如，一位男孩爱上了一位女孩，但却遭到了自己父母的坚决反对。

他要跟女孩在一起，就是对父母的不孝；要是跟父母站在一边，就断送了一段美好的爱情，所以，男孩极为烦恼和纠结，这该怎么办呢？解决这个问题其实很简单，该爱这个女孩你就去爱，同时，该孝顺父母还得孝顺父母，哪有父母会记恨子女一辈子的呢？所以，专注于当下的时光，就是破除纠结最好的办法。

一位行人曾问一位老师傅什么是最好的修行，老师傅说："困来睡觉，饿来吃饭。"行人听罢十分奇怪，就说："如此简单的事情，每个人每天都在做的啊，怎么就算是最好的修行了呢？"

师傅说："每个人都能吃饭，但是却不会好好地吃饭——千般地去计较过去的事情。每个人都会睡觉，但却不懂如何去好好睡觉，心中充满百般思虑；过于计较，过于思虑，不专注于当下的事，人只会被内心的这些虑妄的杂念所困扰，就很容易失去自我，成为杂念之奴。"

其实，在这里，老师傅的意思是说，人生最好的修行就是专注于当下，不计较过去，不思虑未来，不成为杂念之奴。所以，我们要摆脱纠结，最好的办法就是专注于当下，一心向前，不为虚妄的事情而担忧或困扰。

我们专注于当下的时光，不为未曾到来或没有发生的事情而担忧，一直向前，事情很多时候并没有我们想象的那么糟糕，或者很多我们担忧的事情并不会真正发生。所以，我们要除去纠结，那就学会专注于当下吧。正如一位诗人所说："攀岩的神秘就在于攀岩本身；你攀到岩顶时，虽然很高兴已大功告成，而实际上却盼望能继续往下攀爬，永不停歇。攀岩的最终目的就是攀岩，正如写诗的目的就是为了写作一样；你唯一征服的就是自己的内心……写作就是诗存在的理由。"其实，这也告诉我们，我们对每件事情做决定时，一定要全然专注于当下的时光，享受事件本身的过程，而不过于去计较所谓的结果，这样人也就没有那么多纠结的心理了。

## 08. 舍弃冗杂，将你的人生简单化

人活一世，不应该总是抱怨经历了比他人更多的苦难，生命只有一次，不可能重头来过。不要让自己的生命在应有的时间里得不到体现，也不要让自己的生命在应有的时间里找不到自己存在于这个世界上的最根本的意义，更不要等时间悄悄流走后，才回过神来，噢，原来又是这么一天了。所以，请不要荒废你的生命，让自己的生命为你的人生去创造属于自己的光彩，不论是喜剧还是悲剧，不论是笑声还是哭声，不论是欢乐还是忧郁，一样要全情投入。

人活着是为了什么？人生的意义是什么？有人说是以服务为目的，有人说是以追求过程中的真善美为目的，有人说是以感受生命的多样性为目的……不同的人有不同的看法。

在一堂哲学课上，老师正在给学生们讲《庄子》。突然，一位学生站出来提出了这样的问题：人生是以什么为目的而活着的？

老师笑了笑，说道："我今天活着的目的就是为了给大家讲《庄子》。中午饿了吃饭，是为了吃饭而活着的，晚上困了睡觉，也只是为睡觉而活着的。人生的目的是什么？每个人从出生在世界上的第一天起，没有人会问：我为什么要来到这个世界上？我来到这个世界的目的是什么？没有一个人是为了问明白这个问题而来到这个世上的。所以，我们活着的目的仅仅是为了活着，没有其他的答案！"

"天下熙熙皆为利来，天下攘攘皆为利往"，人生充满了各种各样的"目的"，这是将人生太过复杂化了。然而，这位哲学老师则抛开了一切繁杂的意念，简简单单地用一句"活着的目的仅仅是为了活着，没有其他的答案"，十分精练地概括了人生的真实意义。他的看法可谓道出了生命的

真谛，这种大彻大悟的人生观，其实也告诉我们：在任何时候，都要以一颗平常心来对待生命，不悲不喜，以不失去而悲伤，不以得到而狂喜，活在当下，努力做好当下的事情，不将人生复杂化，不将生活复杂化，单纯而积极地活着，才能真正懂得生命的意义。

《士兵突击》中的许三多说了这样一句话："有意义就是好好活着，好好活着就是有意义。"正是因为拥有了这样的人生态度，许三多才活出了人生的真意义。

我们每个人都无法选择自己生命的开始，也不能左右自己生命的结束，所谓生无选择，死不由人，我们唯一能够拥有的，仅仅是经历生命的过程。在这个历程中，每个人的命运也是全然不同的，或高贵，或卑微；或富有，或贫穷；或一帆风顺事事顺利，或举步维艰遍布荆棘。但是，无论有怎样的经历，我们都要全力以赴，活在当下，用我们所有的勇气、激情，去认真过好生命的每一秒、每一个瞬间。因为每一天的生活，都是一个新的开始，都会有它不同的意义。过去的就让它随风而去，好好把握现在的生活。

生活中要时刻以一颗平常心去面对万事万物，得意时不忘形，失意时不悲观，以一颗平常心去感受一份"闲看庭前花开花落，望天外云卷云舒"的惬意与自在！

## 09. 学会放下，问题便迎刃而解

如果爱情是束缚，你能放下情爱，不就能得到自在了吗？如果骄慢是烦恼，你能舍去骄慢，不就能得到清凉了吗？如果妄想是虚妄，你能舍去妄想，不就能得到真实了吗？如果挂碍是痛苦，你能舍去挂碍，不就得到轻松了吗？所以，能舍什么，便能得到什么，这是必然的道理。

——星云大师语

一天早上，妈妈在厨房中清洗早餐用的碗碟，三岁的儿子则自得其乐地坐在客厅的沙发上玩耍。突然间，妈妈听到了孩子的哭声，她来不及将手抹干，便冲进客厅里去看孩子。

只见孩子的手插进了放在茶几上的花瓶里，花瓶上窄下阔，他的手伸了进去，就抽不出来了。妈妈想尽了办法，想让孩子把手拿出来，但却不管用。

妈妈便开始焦虑，她稍微用力一点，儿子便痛得叫苦连天。在无计可施的情况下，她便只好把花瓶打碎——尽管这个花瓶是一件昂贵的古董，但为了儿子的手能够拔出，这是唯一的办法。

虽然损失不菲，但儿子平平安安，妈妈也就不计较了。孩子的手拿出来之后，她赶紧让孩子把手伸给她看，生怕损伤一点。好在孩子没有受任何皮外伤，但是他的拳头仍是紧握着无法张开。是不是抽筋呢？妈妈再次惊惶失措。

经过一番努力之后，妈妈终于发现了孩子拳头张不开的原因——他的手中紧紧地握着一枚一元的硬币。原来，孩子的手抽不出来并不是因为花瓶口太窄，而是因为他不肯放弃手中的那一枚硬币，而握成拳头的手是不可能从那么窄的花瓶口抽出来的。

一枚硬币的价值与一件古董的价值是无法相提并论的，因为舍不得一枚硬币，而损失了一件古董，实在是得不偿失。当然，你可以说，他只是个小孩，不懂得孰轻孰重，但是类似的事情却也经常在我们成年人身上发生。舍不得小的，就得不到大的。很多时候，一件事情之所以解决不了，感觉牢牢地被打上了死结，是因为我们不肯放开紧握着的“拳头”。

学会放下，是一种素养，是一种品德，更是快乐人生的重要砝码。

某公司有一笔30万元的外债，多次讨要未果。老板很是头痛，但又无计可施，认为就这样打水漂，还不如重奖奖励讨债者。于是，老板便向内部员工宣布，如果谁能讨回这30万元，将给予十万元的奖赏。

重奖之下必有勇夫，公司里便很快站出来几位能说会道的高手请缨。然而，他们跑了无数次，都是焦头烂额，无功而返，一分钱的债务也没讨回，还徒花了一些费用。

眼看着再无勇夫挺身而出，一位为人本分老实的员工便站了起来，他嗫嚅着对老板说道："老板，让我去试试吧！"未等他把话说完，便引来众人一阵哄笑。老板说道："这么多人都讨不回来，你怕也是瞎子点灯白费蜡！"然而，这位连说话都很腼腆的员工还是去了。

三天之后，他居然将20万元钱交到了老板的手中。众人惊愕之余，便纷纷向他讨教到底有何高招。原来，这位员工以诚挚的态度，同欠债人坐到谈判桌上，开门见山地向对方表明，所欠30万元，只需要给21万元就算两清，并立下了字据，日后绝不再来追讨。对方见讨债人如此宽怀大度，又给自己如此多的甜头，又可了结今后的纠缠烦恼，于是便欣然地交出了21万元。

与其抱残守缺，不如果断地放弃。事物的价值不在于谁占有，而是如何占有。放下不一定是损失，也可能是另一种形式的获得。所以，生活中当面对无法解决的难题时，不妨学着放下，也许便能迎来柳暗花明的另一番景致。

弘一法师说：无论做什么事情，都不要想着占便宜。便宜，天下人都争相拥有。如果我一个人占有便宜，则他人皆与我结怨；我不占便宜，则别人对我的怨气便消除了。轻利足于聚众，忍受小气，才不会招来大气；吃小亏，才不会引来大亏。舍得，并不是纯粹为了舍弃而放下，有时为了得到而有必要地果断放下，这不失为人生的一种大智慧。

## 10. 适时放下，摆脱名缰利锁的困扰

妈妈对他的孩子说："攥紧你的拳头，告诉我什么感觉？"孩子攥紧拳头："有些累！"妈妈："试着再用些力！"孩子："更累了！有些憋气！"妈

妈："那你就放开它！"孩子长出一口气："轻松多了！"妈妈："当你感到累的时候，你攥得越紧就越累，放了它，就能释然许多！"如此简单的道理，放手才轻松，但很多人却始终不明白。

一位哲人说，一个人来到世间，从生到死，挣扎几十年，最难摆脱名缰利锁，为了心中的欲念，将自己的心拖入疲累的状态中，怒气和怨气自然丛生。可见，名缰利锁也是人怒气产生的根源之一。所以，要消除自己因名利而产生的坏脾气，就要果断放弃那些不属于自己的东西，不追求过多的物欲，抛弃那些浮华和虚荣，欣然接纳平凡的日子，心灵自然会放松，也自然能享受到生活的美妙和芬芳。

2002年1月13日，海明威短篇小说《老人与海》中的主人公原型——富恩特斯去世，享年104岁。

第二天，世界上有27家网站出现了这么一张问卷："有一个人，他几乎什么都有。论地位，他是享誉世界的大师级的人物；论荣誉，他是诺贝尔奖获得者；论金钱，他的版税在他成名之前就已使他成了富翁；论爱情，几乎每一个女人都喜欢他，都愿为他奉献一切。在他的国家他享有充分的自由。他爱到哪儿旅游就到哪儿旅游，哪怕是敌对的国家。总之，他是一个令世人非常羡慕的人。可是，在他获奖后不久，却用猎枪结束了自己62岁的生命，而他的一位朋友——一个靠打鱼为生的渔夫，却悠然地颐养天年。请问，为什么一个拥有一切的人却选择了死亡，而一个一无所有的人却选择了活着？假如你已经知道了答案，请发给我们，我们愿把它刻在这位诺贝尔奖获得者的墓碑上。"

问卷贴出后，每家网站得到的回答日平均四百多条。几家网站根据点击率，公布了自己选定的墓碑内容。

网站1墓碑的正面：人生最大的满足来自于对自然的追求。

墓碑的背面：一个人一旦在自己所从事的领域达到了高峰，就会有一种空前的寂寞感，这种寂寞感所带来的迷茫和绝望会把你送进天堂。

网站 2 墓碑的正面：成功也是一件非常可怕的事。

墓碑的背面：人人都追求成功，其实成功的背后往往隐藏着魔鬼，而失败的背后才有一个救命的天使。

网站 3 墓碑的正面：无话可说。

墓碑的背面：生命是一种太好的东西，好到你无论选择什么方式度过，都像一种浪费。

其余的几家网站还在陆续公布，不过人们对此已经失去了兴趣，因为那位渔夫的独生子在此期间公布了一封信，据说是海明威去世前一天写给他父亲的，并交代让他帮着刻在墓碑上。信中是这么写的：人生最大的满足不是对自己地位、收入、爱情、婚姻、家庭生活的满足，而是对自我的满足。

可见，人真正的幸福不是源于地位、收入等外物的满足，而是源于对自我的满足。一个满足感极强的人，就算每天粗茶淡饭，也能感受到幸福，这也是为什么一个摆路边摊的要比一个做大生意的富豪更快乐、更幸福的主要原因。

现实生活中有太多的诱惑，如果你不以宁静、淡定的心去面对，很容易被名缰利锁套住，然后心力交瘁或者迷惘躁动，怒气丛生。所以，在恰当的时候做出选择，适时放弃该放弃的，舍掉那些羁绊你的东西，才能让心灵回归安静和平和。

萨克雷的《名利场》中的女主人公丽蓓卡·夏普一生都是在不断追求中度过的，但是到最终，她的一切心机却全部白费了。作者最终在书中以这样的伤感而又无奈的语气说道："唉，浮名虚利，一切虚空，我们这些人谁又是真正快活地活着的？谁又是称心如意地活着的？就算当时遂了自己的心愿，以后还不是照样不知足？"

# 第三章

# 人之所以会烦恼，是因为不懂忘记

## ——淡忘曾经，不将闲事挂心头

生活中，人的许多烦恼，都源于对过往的记忆。一段不愉快的经历，一段痛苦的失败之旅，一个已经走远的恨意，一段早已尘封的是与非……这些过往的记忆都会时不时地冒出来，侵袭和扰乱我们当下的快乐和幸福。为此，要想抓住生命中每一个当下的快乐，就要学会忘记，忘记过往的种种，忘记世间的恩恩怨怨，忘记世俗的功名利禄，忘记这个世界的一切，活在自己的世界中随心所欲地快乐着和幸福着。

### 01. 懂得忘记，别让过去的痛苦浸染了当下的快乐

在职场中屡遭人诬陷的周霞，有一天接到一个电话，是有人告诉她诬陷她的人的姓名，而周霞则赶紧说：事情都过去那么久了，千万别再告诉我了，我不想知道。在一旁的朋友听明白意思后，就有些诧异地问她为何这样做。周霞很豁达地解释说，事情过去那么久了，知道了又能怎么样，不是凭空给自己添堵吗？有些事不需要知道，有些事则需要忘记。

朋友很赞赏周霞的豁达，的确，记住已经过去的仇恨，只是凭空给自己添堵。事情既然已经发生了，怨恨郁闷也改变不了什么。人生不如意之

事十之八九，要让自己快乐，就要懂得给自己减压，而减压的最好的办法之一就是学会忘记。人生需要拿得起，但很多时候也要能够放得下。

一对父子一起出行，其中儿子对父亲是毕恭毕敬，什么都听对方的。走到河边，刚好遇到一个女子要过河，父亲就背起女子过了河，女子道谢后离开了，儿子心中一直想着，父亲怎么可以背那个女子过河呢？但他又不敢问，一直走了20里地，他实在憋不住了，就问父亲说，你怎么能背那女子过河呢？父亲淡淡地说：我把她背过河就放下了，可你却背了她20里还没放下。

父亲的话充满哲理，道出了人生路上该做的选择。人的一生像是一次长途跋涉，不停地行走，沿途会看到各种各样的风景，历经许许多多的坎坷，如果把所有过去的都牢记在心，只是在给自己的心灵增加额外的负担，阅历越是丰富，压力也就越大，还不如一路走一路忘记，永远保持轻装上阵。过去的已经过去了，时光不可能倒流，除了吸取经验教训以外，大可不必对过去的事情耿耿于怀。

乐于忘记是平衡心理的重要法则之一，需要我们坦诚且真诚地面对生活。当然，忘记说起来容易，做起来就难了。生活中，我们总忘不了名利、怨恨、诱惑以及内心的惩罚。当我们为了这些“放不下”的困惑苦恼时，就需要我们自己点醒自己，学会放下，放下自己内心的“冗余”，才能远离人生的烦恼，获得心灵的解脱。

泰戈尔说：“如果你为错过太阳而哭泣，你也将错过繁星。”如果你总拿过去的伤痛来折磨自己，只会让心灵之船不堪重负，会让这些痛苦不停向前延伸，直至影响到你的未来。不要拿过去的痛苦来惩罚自己，学会及时忘记过去的伤痛，才是快乐轻松的人。

忘记是抚慰心灵的一味良药，但是忘记也是需要选择的，及时忘记那些让我们不堪重负的伤痛，并及时记住那些生命中的感动和快乐，才能使我们收获到更多的快乐和幸福。

许多人喜欢这样一首白话诗：春有百花秋有月，夏有凉风冬有雪。若无闲事挂心头，便是人间好时节。记住某些事某些人，忘记某些事某些人，记住该记住的，忘记该忘记的，洒脱人生，心无挂碍，你便会觉得生活是如此美好。

## 02. 懂得将过往的生活“归零”

一位哲人说：“一段路，走了许久，依然看不到希望，那就改变方向；一件事，想了很久，依然纠结于心，那就选择放下；一些人，交了很久，却感觉不到真诚，那就选择离开。一种活法，坚持了很久，依然感受不到快乐，那就选择改变。放下过去，让心归零。”的确，一个人的内心要得到安宁，不被世事乱于心，就要懂得时时将过去的生活“归零”。

刘荣是一家外企的高管，最近总是心烦意乱，无法安心工作。因为他已经厌倦了公司日复一日的工作和程式化的交际，更对每天两点一线的生活感到烦闷，为此，他决定放弃外企高管光环让自己的生活“归零”，以摒弃心中的烦恼。于是，他放下手中的工作，向公司请了长假，关掉手机，和家人说好在三个月内不要联系他。他骑上了单车，踏上了去往南方的路。他的目的就是去尝试一件他从小向往但从未做过的冒险的事情：独自骑车到西藏去走一遭。

在此过程中，他没有接受任何人的帮助，在雷雨交加的夜晚，他睡在潮湿的睡袋之中。在行程中，他遭遇过饥饿、寒冷，曾有一段时间，他身无分文，在游民的家里，靠打工赚取住宿费，住过几家夫妻不和睦的家庭，看到过夫妻俩打架；还遇到过患有精神病的人，还帮人在地摊上卖过东西。经过几个月的奔波，他终于在西藏游历了一番，完成了他多年的心愿。

随后，等他重新回到工作岗位，回到自己所熟悉的工作环境中后，却觉得以往再熟悉不过的东西都变得新鲜有趣起来，工作也成为一种全新的享受。这三个月的经历，像是一个淘气的孩子搞了一次恶作剧一样，新鲜而刺激。更重要的是，回到一种原始的状态后，他就如同用儿童的眼睛看世界，一切都充满了乐趣，也不自觉地清理了积攒在心中多年的“垃圾”。

刘荣的经历告诉我们，产生职业倦怠，在激情减退的关键时刻果断地选择了清空自己，从而重焕生活的激情。他用亲身经历向我们证明了这样一个道理：过去对于我们无论多么光辉荣耀，也只是前进中的一个驿站，背负着过往的成就，难免会心生倦怠，停滞不前。而当我们换一种思路，毫无留恋地“清空”我们的过往，轻装上阵，或许能不受束缚地开辟新的天地，重拾工作激情与生活的乐趣。

一个人的心灵就像一个容器，时间长了里面难免会有沉渣，要时时清空你心灵的沉渣，该放手时就放手，该忘记的要忘记，删除心灵的垃圾，每天都刷新自己，才能重获新生，也才能甩开过去的包袱，轻装上阵，让自己走得更远。

将过去的生活“归零”是一种积极的心态，尽管过去能支撑未来，却支撑不了明天。学会过去的生活清零，是一种乐观面向未来的意识。把每一天的醒来都看作是一种新生，以婴儿学步的姿态，给生活注入新的激情。

## 03. 学会将过去的荣光清零

一位国内著名集团老总曾经说过这样一句意味深长的话：“往往一个企业的失败，是因为它曾经的成功，过去成功的理由是今天失败的原因。任何事物发展的客观规律都是波浪式前进、螺旋式上升、周期性变化。”

这其实告诉我们，一个人要想在事业上有所突破，就要勇于放下过去，将过去获得的所有荣光都“清零”。一个人只有能将过去的荣耀、光辉都抛开，才能用心去获得更多的知识、技能，也才能获得更大的成就，创造出更大的辉煌来。

古时候，一位佛学造诣极深的人，去拜访一位德高望重的老禅师。老禅师的徒弟接待他时，他态度极度地傲慢。后来老禅师恭敬地接待了他，并为他沏茶。可在倒水时，明明杯子已经满了，老禅师还不停地倒。他不解地问：“大师，为何杯子已经满了，你还要往里倒呢?”大师说：“是啊，既然已经满了，干嘛还倒呢?”他顿时恍然大悟。

这个故事告诉我们，一个人做事的前提就是要拥有好心态，如果你想在事业、学术或某个领域等获得更多的知识、技能，获得更大的成就，必须要定期将自己的内心清零。这种心态能让我们不再沉迷于过去的业绩中，调整自己去适应新的变化。清零心态的本质就是挑战自我，永不满足。

一个人勇于放下过去的“包袱”，懂得清零，是一种谦虚的处事方式，是一种虚怀若谷的精神，它能让人看得更高、走得更远。如果一个人总沉浸在过往的成功、掌声、荣誉或成就中，很容易会迷失自我，找不到未来的方向。同样的道理，一个人如果太在意往昔的失败、无能、平庸或污点的话，只会使自己裹足不前。

德西是一个刚参加工作不久的年轻人，由于缺乏工作经验，而经常受到上司的批评。为此，他每天都垂头丧气的，内心极其郁闷。后来，他找到一位著名的企业家，向他请教有关成功的秘诀。

企业家先是让德西介绍一下自己，德西把自己当前的不如意以及困境都说了出来。听了德西的话，看着他郁闷的表情，企业家并没有说什么，而是微笑着随手拿起一个装满茶水的杯子，放在德西面前。然后自己又从旁边提来一壶茶，慢慢地往杯中倒。就这样一直倒着，溢出的茶水沿着杯壁流到了地上。但企业家好像还没有停止的意思，直到德西惊讶地喊出来："您别倒了，再倒就都浪费了！"

终于，企业家将茶壶不紧不慢地收回，说道："你的话正是我想说的。这杯茶和我想教给你的东西是一样的——都是浪费。你已经像这个杯子一样装满了忧愁和烦恼，已经容不下其他东西了。你还是先把你内心的一些消极的思想舍弃后，再装其他的东西吧！"

听罢，德西终于明白了企业家的意思，从此不再怨天尤人，调整了心态，顿时觉得自己做的工作是十分有意义的。不久后，他被升职为部门经理。

德西正是及时更新了自己的心态，才发觉工作并不是那么枯燥，最终取得了成功。有一位作家曾经说过：郁闷，是暂时的状态，却是永久的束缚。一个人只有及时走出郁闷和烦躁，随时以全新的面貌和心态去对待工作和生活中的事情，才能摆脱种种束缚，才能不断迈步向前。

现实生活中，常怀清零心，才能够接受更新的思想。蛇每年都要蜕皮才能成长，蟹只有脱去原有的外壳，才能换来更坚固的保障。如果不舍弃过去的郁闷，永远迎接不到明日的阳光。

成功或失败永远只能代表过去，一个人若是长久沉迷于以往的回忆中，那他就再也不会进步。对于有远大志向的追求者来说，成功永远在下一次。保持"清零"心态，才能不断发展创造新的辉煌。

## 04. 爱对方，就要忘记其过去

恋爱中的有些男女，总会盯着爱人的过去不放，总想追溯爱人过去都做过什么、和几个人谈过恋爱。当得知真相后，自己就会变得暴跳如雷，即使这已经是很久以前的事情。

也许有的人觉得：我这么做，是因为太在乎对方的表现！可也正是因为这份“独特的爱”，让你自己陷于苦闷不能自拔，更让这份感情摇摇欲坠。

其实，在这个世界上，不管是谁，都有属于自己的感情世界，这是任何人都无法抹去的事实。即使你如何不高兴，往事毕竟只是人生中的过眼云烟，你并不能追溯到过去阻止这一切。倘若你总是纠缠于此，反而会让另一半觉得你是个不懂道理的人，使感情出现裂痕。

李新和妻子许芳终于搬进了新房，这让两人很高兴，每天都在为新家忙碌着。

有一天，许芳正在收拾柜子，突然，她看到了丈夫以前的一本日记，就随手翻看了起来，从中了解到了丈夫和以前的恋人的一些事情。尽管日记只是李新中学时期的记录，可是许芳依然愤怒不已，和李新大吵了一架。

从这以后，许芳仿佛有了“法宝”，每次和李新吵架时，都会询问他以前的恋情究竟是怎么一回事。甚至，她在空闲之余将日记反复看了十几遍，将每一个细节熟记在心，不管走到哪里，都会想着丈夫以前有没有和别人来过这里，做了什么事。

许芳知道，其实这样的行为不好，可是她始终无法控制住自己，白天无心工作，晚上也睡不着觉。孩子如今已经上小学了，为了孩子，她不想和丈夫离婚，但她也无法原谅丈夫，于是就每天用语言折磨李新，让他浑身难受。

一个月后的一天，许芳因为一件小事和李新争吵了起来，期间又说起了那本日记。终于，李新再也无法忍受了，他大声说道：“够了，够了！难道你每天都活在十年前么！算了，咱们离婚吧！你就永远活在那本日记里吧！”说完，他愤怒地穿上了外套，走出家门。

一开始，许芳以为丈夫只是赌气，早晚会回家的。可是一个星期过去了，她依旧没有等到李新，心里不由有些紧张了。她给李新打电话，联系其他朋友，可是依然没有他的丝毫消息。

就在许芳手足无措时，突然接到了派出所的电话：在李新离家出走那晚，他一个人来到河边喝酒解闷，结果因为醉酒，不慎落入水中身亡。听完这话，许芳立刻瘫倒在地上，没想到自己的固执，却给丈夫带来了灾难。

许芳总是记着丈夫的过去，不仅让自己每天活在忧郁之中，更导致丈夫出了意外，这一切都是她不能忘记过去造成的。

你可以静下心来细想一下：两个人在一起，是多么温暖和幸福，如果你爱对方，就应该珍惜你们当前所拥有的时光。过去已经成为过去了，就算你再计较又有什么意义呢？与其计较他的过去，不如花精力去了解他的现在！

想要与爱人一起体会生活的快乐，想要与爱人感受到幸福的流淌，我们就应该和他或她一起迎接未来的生活，而不是让过去变为自己生活的负累。要知道，重提不愉快的往事，不仅会给自己带来伤害，还会给对方造成一些不必要的痛苦。甚至，对方还会为此而感到烦躁，最终不得不选择与你分道扬镳，那时你得到的只会是后悔。所以，想要与另一半牵手一生，那么你就应当懂得这样一句话：爱他（她），就要忘记他（她）的过去。

## 05. 注定无法挽回的痛苦，不如早点忘记

在高速行驶的火车上，一个老人不小心把刚买的新鞋从窗口掉了一只，周围的人备感惋惜，不料老人立即把第二只鞋也从窗口扔了下去。这个举动让人大吃一惊。老人解释说：这一只鞋无论多么昂贵，对我而言已

经没有用了，如果有谁能捡到一双鞋子，说不定他还能穿呢！

这个故事告诉我们，对于注定无法挽回的遗憾、残缺或者痛苦，与其死死抱着不放，不如早一点放弃。放开，让自己活得洒脱一点，快乐一点。

柳涛的丈夫是在一场车祸中丧生的，当她得知这个消息时，瞬间感到自己的天塌了。悲痛欲绝的她完全没办法接受这一切，于是每天都以泪洗面，别人劝说都无济于事。每当她想起与丈夫在一起的美好时光，她的心都是痛的。她知道，事实已经是这样了，自己再痛苦也挽回不了什么。所以，她要让自己尽快忙碌起来，以忘却痛苦。

接下来，她把自己的所有精力都投入到工作中去，但是只要她一静下来，甚至只要走路停下来一会儿，那种哀伤就会袭上心来，令她无法招架。后来，柳涛不再逃避，不再没事找事地瞎忙，当丧夫之痛再度袭来时，她让它涌上心头，看着悲痛一点点地走近自己，然后渐渐地消退，虽然想到仍会难过，但却能让自己渐渐地平静下来。

最后，她终于战胜了自己，她已经可以不必再抗拒那种情绪，她明白最痛苦的那一刻已经过去了，她想过属于自己的生活。

“我可以再次体会人生的快乐，那些痛苦已不是现在的事了。它只是我人生的一部分，而我人生其他的道路，还可以继续走下去。”这是走出伤痛后，她所说的第一句话，她的坚强让所有的人都肃然起敬。

无论发生了什么，我们都生活在现在，面向着未来，过去的一切终会被时间的洪流冲得一去不复返。所以，我们没必要将那些悲痛永久地埋在心中念念不忘 。灾难并不可怕，只要你拥有坚强的信念，敢于在悲痛之后勇敢地放下，就一定可以让快乐再次飞扬。因为这个世界上，唯一能够决定你要受苦多久的人，只有你自己。

要知道，对于无法挽回的遗憾、残缺或痛苦，与其苦苦地折磨自己，不如学着淡然放下。要知道，这个世界上没有一个人真正可以对另一个人的伤痛感同身受，纵使你万箭穿心、痛不欲生，也仅仅是你一个人的事情。所以，凡事要看开一点，看淡一点，勇于面对，生活就会多一些和谐，人生就会多一点快乐和幸福！

## 06. 别拿过去惩罚自己

你总是以各种形式把自己隐藏在过去的时光中：完全沉浸于过去的不幸中，给自己涂上一层悲观的色彩，对过去的一切感到遗憾。一味地沉溺于过去，无疑会分散你对当下的注意力，阻碍你向前。其实，我们无须拿过去的哀伤与卑微去惩罚自己，让自己失去永远向前的机会，毕竟过去已经一去不复返了，此时此刻才是活力的源泉、是你真正的力量源泉。

伊东·布拉格是美国历史上第一位获得普利策奖的黑人记者，当同行采访他的时候，便询问他的获奖感受，他就在麦克风前面向大家讲述了自己的经历：

“我是从过去的卑微中尝尽了苦头，才有了向前奋发的动力！

“在我很小的时候，家里非常贫穷，我父亲是个水手，他每年都来来回回地穿梭于大西洋的各个港口之中，尽管如此，挣的钱依然不够维持全家人的生活！在这样的处境中，我曾经异常地沮丧，因为我一直都认为，如我们地位如此卑微、贫穷的黑人是不可能有出息的。抱着这样的想法，我浑浑噩噩地上学。可想而知，成绩也好不到哪儿去，就这样，就在自己设定的围墙中生活了十年时间。

“有一次，父亲突然走过来对我说：‘你现在长大了，应该带你出去见见世面，我希望你的生活能与父母不同，能摆脱从前的贫穷而有所成就。’

“听了父亲的话，我就暗想：‘我有成就？怎么可能呢？我不过一直都是个穷黑人的儿子！’

“尽管如此，我依然听从父亲的安排，随他一起去参观了大画家自由梵高的故居。

“在这间狭小的屋子中，我看见一张小木床，还有一双裂了口的皮鞋。我当时十分惊讶，这位著名画家的生活居然是如此地简陋！我便问父亲：‘梵高不是位著名的画家，不是很有钱吗？他怎么会在这种地方住？’

“父亲对我说：‘儿子，你错了，梵高也曾经是个十分贫穷的人，还没我们富裕，他甚至连妻子都娶不上，但是他依然没向贫困屈服！’

“这段经历使我对自己以前的看法产生了疑惑，我想：自己是否也可以从过去的碌碌无为中摆脱出来，而有些出息呢？梵高不也是个穷人吗？

“他为何知道自己只不过是昨日的穷人而非现在、将来的穷人呢？第二年，父亲又带着我到了丹麦，我们游走于安徒生的故居之内，这里的环境比梵高的故居强不了多少，我就更为惊讶了，因为在安徒生的童话中，到处都是金碧辉煌的皇宫，我一直以为他与他书中塑造的人物一样，都生活在皇宫里。父亲看着我意味深长地说：‘不，孩子，安徒生是个鞋匠的儿子，你喜欢的那些童话就是他在这栋阁楼里写出来的。’直到这个时候，我终于明白父亲为何要带我参观梵高和安徒生的故居，其实他是想告诉我：不要在乎自己过去的生活如何贫穷，尽管我们都是穷人，身份很是卑微，但是这丝毫也不影响我们往后成为一个有出息的人！”

对于过去，我们一定要坚信：从你自己踏入生命旅程的那一刻起，我们就告别了贫穷，摒弃了过去，我们要将过去从自己的记忆中永久地删除，才能展望前方，看到远方的希望，只要风雨兼程，勇往直前，最终会换来专属于自己的一片碧朗晴空的。

如果你沉溺于过去不能自拔，会使你远离自己的真实的心灵，将自己囚禁起来。如果你对过去的一切感到遗憾，那么你就忽略了人过去赐予你的珍贵礼物。你将自己当成了受害者，拒绝承认自己是强大的未来的创造者。不要为过去感到内疚，要知道，只因为有了过去的经历，才有了今天更为完美的自己。所以，千万不要为过去的遗憾喋喋不休。

从过去的失败与胜利中学习是极为重要的，但是不要过于沉浸在过去的时光中。不要让过去分散你的精力。偶尔回忆一下是可以的，但是不要将自己长久地驻留在过去的回忆中。拿破仑曾说过：“承认自己的无能就是选择了失败，这种人往往只会逃避生活，一事无成也会是他们必然的结局。”

## 07. 忘记失败，才能收获成功

人生的路上，失败可谓我们人生路上的“必修课”：第一次学走路，迈出的第一步是摔倒；第一次参加比赛，没能得奖；第一次谈恋爱，却以分手告终……当年的这些失败的事情，最终还是被我们征服了，主要是因为我们能够及时地忘记曾经的失败；懂得忘记失败的人，是不会过分地计较眼前的得与失的。这样的人心胸宽广，眼光远大，会将暂时的失败，当成一种更进一步的阶梯，为发展积蓄能量，为成功奠定基础。这样的人，心中总有一股强大的信念，他们在任何情况下都能坚持自己的信仰，把握人生的方向。所以，当遭遇失败时，我们不妨将它忘记，这样才能坚定地勇往直前。

爱迪生是伟大的发明家，他成功的原因之一就在于他善于忘记曾经的失败。

爱迪生是一个异常勤奋的人，从小就对电器产生了浓厚的兴趣，自从法拉第发明了电机以后，他就决心制造电灯，为人类带来光明。为了发明电灯，他试验了有上千次，失败了也不止上千次。

刚开始，他所遇到的困难是要寻找到灯丝的材料，他先用炭化物质做试验，失败后又以金属铂与铱高熔点合金做灯丝试验，还做过上质矿石和矿苗共1600种不同的试验，结果都失败了。

不过，失败并没有让爱迪失放弃希望，他只是忘记了那些“失败”，将那些“失败”丢到脑后，继续进行自己的实验。后来，他将炭丝装进玻璃泡里，一经试验，效果很好。就这样，世界上第一批炭丝白炽灯问世了。1889年岁末的晚上，爱迪生电灯公司所在的那条街道灯火通明，这就是爱迪生的杰作。

虽然电灯发明成功，但是这种电灯依旧有很多毛病，很难大规模推广，这对爱迪生来说，依旧是一场失败。于是，他再次选择了“忘记”，继续进行钻研。后来有一次，他用碳化竹丝做成一根灯丝，结果比以前做的种种试验都理想，这便是爱迪生最早发明的白炽电灯：竹丝电灯。最后，爱迪生把炭化后的竹丝装进玻璃泡，通上电后，这种竹丝灯泡竟连续不断地亮了1200个小时。

就是为了这看似简单的电灯，爱迪生几乎把自己的精力都投在了试验上，仅植物类的炭化试验就达六千多种。可是，无论多少次失败，他都将失败的阴影抛到了九霄之外，大约经过5万次的试验，写成试验笔记一百五十多本，方才达到目的。

爱迪生小时候曾被人称作“傻子”，也许正是那份傻气，才让他拥有了“忘记”的本领，最终成为世界闻名的发明大师。所以，忘记失败，这是我们每个奋斗的人都应该学习的必修课。

然而在现实生活中，很多人在经历了失败后，总是变得毫无勇气，总想起过去的失败，这让自己没了奋斗的精神，没有前进的动力，这样永远不能看到明天胜利的阳光。有道是“好事多磨”，其实，失败是一种磨炼的过程，心即使在冰冻三尺之下也不会凉的。而能否忘记失败，则是我们能否重新崛起的关键。所以，我们不要再哀痛昨天的失败，我们要从每一段错误中汲取教训，让更多宝贵的经验成为向前迈进的助力。

不过，我们在这里所说的忘记失败，并不是让我们去完全地将失败忘记，而是要我们及时从失败中反省自己，然后抛开那些阻碍我们前进的消极思想，这样才能让自己拥抱成功的希望。

## 08. 要为明天做准备，别为昨天而哭泣

生活中，一些人会伤感、悲痛、郁闷等，原因就在于他们爱沉浸于过去的时光中。对于此，泰戈尔说：“如果你因为失去月亮而哭泣，那么你也将失去群星。”其实是告诉我们，不要为过去的不幸或痛苦而哭泣，要为明天做准备，否则你会错失当下的幸福。

正所谓生气不如争气，一个人不沉浸于过去的昨天，能悉心地为有意义的明天做准备，就是对生命最大的尊重，也是争气的一种表现。正如一位哲人所说，未来的种子也沉埋于过去的时光里，如果你不能正视自己的过去，很难让你的现在在未来开花结果，这可能会导致更多更大的不幸。

一位老女人，她在上街买菜的时候，不小心把自己的一件外套弄丢了，就因为这一件小事情，她一路上都十分懊恼，不停地责怪自己怎么如此的不小心。等她回到家之后，才发现，因为她太过于专注自己已经丢失的那件外套，最后在仓促与不安中，一不小心也把自己的钱包给弄丢了。

这就是得不偿失，过去的已经过去了，也成为过去时了，已经不能挽回了，所以眼前就应该好好活在当下。要知道，明天又会是全新的一天，过去无法在你的现在里复活。你唯一能够做的就是，以平静的心态分析当时自己所犯的错误，然后从错误中吸取教训，然后再以乐观的态度面对未来。

一天，刘强下班后本想打车回家，可是一想到坐摩托车能省几块钱，于是就坐摩托车回家。不料半路摩托车遭遇了车祸，刘强因此失去了一条腿。朋友们都纷纷来看望他，都为他失去了一条腿而难过，而他却笑了。

“你难道还有心情笑吗?”朋友们都以为他精神不正常了。

“当我醒后得知自己只失去了一条腿时，我心里想，完了，以后该怎么办?继而后悔那天选择坐摩托车。不过后来我安慰自己道：‘既然已经成了既定事实，再后悔也没用，还好只是失去了一条腿，而不是整个生命。’想到这里，心情忽然不再那么沉重了。所以，我现在有足够的理由笑啊!”

后来，因为少了一条腿，刘强已经无法胜任原先的岗位，不久后他便接到了下岗通知书。

朋友们知道后，准备了一大堆安慰他的理由，准备好好安慰他一番。这次又让朋友们很是意外，见面时刘强却乐呵呵的，一点儿也不像失业的人。

“你不难过?那可是下岗通知书啊!”一个朋友问。

“既然下岗已成事实，我与其难过，还不如想：‘幸好只是失去了工作，但我并没有失去再创业的勇气啊!’所以，我没有理由难过!”

再后来，刘强的妻子走了，还卷走了家中所有值钱的东西，因为家中的日子越来越困难，妻子跟他过不下去了。

朋友们知道后，都为他担心，以为刘强经过这次打击，肯定会消沉，便都赶过去看望他。当朋友们敲开刘强家的门时，他一脸的欣喜，热情地招呼朋友们坐下。

“你是不是真的疯了?妻子走了，你一点也不难过吗?”朋友们冲他喊道。

“她走了，只能说明她并不是真心爱我。我失去一个不爱我的人，有什么理由难过?”

面对不可挽回的残酷事实，故事中的刘强总能以乐观的态度面对，这一点值得我们每一个人学习，也给生活中经常处于懊悔情绪中的我们以这样的忠告：过去的就让它过去吧，一次决策性的失误，说了一句不该说的话，犯了一个不该犯的错误，选择了一条错误的道路……过分的自责只会让你越来越烦躁，没有信心迎接新的挑战。只有忘掉过去的悲伤，我们才能重新扬帆起航。只有忘掉曾经的不幸，我们才能在未来的日子里拥抱更多的幸福。

也许很多人会说：过去对我的伤害太大了，我无论如何也忘记不了过去。不，你可以忘记的，你只需要转变一下心态。你可以静下心来这样想：正是因为过去的不幸，才让我学会了满足于当下的生活。当时的痛苦都已经承受过了，难道你还没有勇气去面对当前的生活吗？所以，我们完全可以对过去的任何事情怀一颗感恩的心，这样才能让自己尽快地从昨日的痛苦和烦恼中走出来，世界上没有什么坎儿是过不去的，只有不肯过去的心。

## 09. 及时清理你的“人生背包”

德川家康说过：“人生不过是一场带着行李的旅行。我们只能不断向前走，在行走的过程中，要想使旅途轻松而快乐，就要懂得抛弃一些沉重的包袱。”但是，生活中，我们却往往不懂得及时地舍弃，在往前赶路的过程中，一味地背负着那些沉重的没有任何价值的“过去”，以至于使自己的心灵不堪重负。

一个年轻人从千里迢迢的山上来到海边，想到一个地方去。他驾一叶轻舟扬帆出海，披恶浪、战狂风。虽经长途跋涉，但还是没能达到自己的目的地。

有一天，他靠岸休息时遇见了一位智者，他说：“智者，我是那样的执着、那样的意志坚强，长期跋涉的辛苦和疲惫难不住我，各种考验也没有能吓倒我。我的鞋子破了；手也受伤了，流血不止；嗓子因为长久地呼喊而沙哑……我已疲惫到了极点，为什么还到不了我心中的目的地？”

智者听完后问他：“你从什么地方来？”年轻人回答：“我从2000里外的山上来。”智者看了看他的船问道：“你的船里装的都是什么？”年轻人说：“它们对我可重要了。第一个箱子里面装的是我必需的生活用品；第二个箱子里面装的是我发表我演讲的报纸、接受采访的照片以及各种获奖的证书和奖杯；第三个箱子意义深刻，装满了我每一次跌倒时的痛苦、每一次受伤后的哭泣、每一次孤寂时的烦恼；第四个箱子是无价之宝，那些沿途获得的珍宝不仅价值连城，而且很有收藏价值……靠着它们，我才能来到这儿。”

智者听完后问道：“你那些箱子大约有多重？”年轻人回答：“我没有仔细称量过。”“你的力气实在是太大了，你一直是扛着船在赶路吧？”年轻人很惊讶：“什么，扛了船赶路？它那么沉，我扛得动吗？”智者听完微微一笑，说：“你从那么远的地方，负了那么一大堆东西来，岂不有力？不就如同扛了船赶路吗？过河时，船是有用的，但过了河，就要放下船赶路呀。”

年轻人顿悟：是啊！已经过去的，何必总生活在回忆中？于是他先把第三个箱子丢掉了，顿觉心里像扔掉一块石头一样轻松。赶了一段路，他又想：“以前的辉煌也并不能说明以后啊！”便扔掉了第二个箱子，船行得快多了。继续赶路后，他想：得到智者的至理名言不就是最好的无价之宝吗？最后，他又把千辛万苦得到的珍宝全部扔了。这时，他发觉船轻快了许多，上岸后步子也轻快了许多，他才觉得生命原来是可以不必如此沉重的！

生命就是一次长途的旅行，只有勇于舍弃那些无价值的、多余的东西，才能让自己获得轻松和快乐。在生活中，你是否检查过自己有形的与无形的“背包”呢？你的背上扛了多少无价值的、不必要的包袱？比如，你过去的失败，你犯过的错误，你说过的错话，那些让你愤恨的人……是不是一直还背在身上？你准备还要扛多久？背着以前那些不愉快的事，你是否会感觉异常地沉重呢？

如果你希望你的人生旅程是快乐的、轻松的，就应该尽快地放下身上的这些包袱，丢弃掉那些多余的负担，丢掉恐惧、束缚、创伤，放下任何不值得背负的东西。要知道，天使之所以能够在高空中飞翔，是因为它有双轻盈的翅膀。当给它的翅膀上系上了多余的包袱，它就可能再也飞不远了。我们也是如此，只有及时整理、清理背包里面的东西，才能轻装前进，才能让自己的旅途变得愉快，才能让自己走得更远、飞得更高。

# 第四章

# 人之所以会生气，是因为计较太多

## ——不争，人生看得几清明

生活中，多数人生气，多因为计较太多造成的。因为心胸太狭隘，所以很容易与人发生冲突或矛盾：一句话不合意，立即翻脸愤怒；别人一句无心的话，却让敏感的人感到不舒服；与人相处，稍不如意就与人生矛盾、闹别扭……其实，爱生气的人，心理容量是极小的。可以说，狭隘的“气”是一堵高墙，能将你隔离于人群之外。为此，避免生闲气的根本办法，就是修炼你的性格，提升自己对挫折的承受能力、对自己或他人过错的包容力，这样才能少计较，不较真儿，才能不乱于心，才能感受到更多的快乐与幸福。

### 01. 生气是愚蠢的行为，争气是智慧的象征

生活中，每个人都难免会因为这样或那样的问题、冲突而生气、愤怒。与人发生矛盾或冲突、别人有意或无意的冒犯、生活中一些鸡毛蒜皮的小事等，都会让我们生闷气，火冒三丈，甚至暴跳如雷。对此，哲学家康德说：“生气，是拿别人的错误惩罚自己。”这告诉我们，生气是一种极为愚蠢的行为。愚蠢的人遇事只会生气，而智慧的人遇事则会抬头争气。

也许生活给了我们太多的烦恼、不快和磨难。但是与其用痛苦一遍遍地折磨自己，不如绕开它，去做个智者，好好地善待自己，善待周围的人，生活会给你意外的馈赠。

张博从某外国语院校毕业，说一口流利的英文，而且听、读、写都很娴熟。因为他对自己的英文能力相当自信，因此便寄了许多英文履历到多家外商公司去应征，他认为英文人才是就业市场中的绩优股，肯定是人人抢着要。

然而，一周过去了，张博投递出去的应征信函却了无回音，犹如石沉大海一般。

张博的心情开始忐忑不安，此时，他却收到了其中一家公司的来信，信里刻薄地提到："我们公司不缺人，就算是有空缺职位，也不会雇用你。虽然你认为自己的英文水平很高，但是从写的履历上来看，你的英文写作能力极差，顶多也只有高中生的程度，连一些日常的语法也是错误百出。"

张博看了信之后，气得火冒三丈，自己好歹也是大学毕业生，怎么可以任人将自己批得一文不值。张博越想越气，于是提起笔来，打算写一封回信，把对方痛骂一番，以消除自己的怨气。

然而，当张博下笔时，却忽然想到，别人不可能会无缘无故地写信批评自己，也许自己真的是太自以为是，的确犯了一些自己觉察不到的错误。

因此，张博的怒气渐渐地平息，自我反省了一番，并且写了一张感谢信给这家公司，感谢他们指出了自己的不足之处，用字遣词诚恳真挚，把自己的感激之情表露无遗。

几天后，张博再次收到这家公司寄来的信函，他被这家公司录用了，理由是：任何一个懂得反省自我、能化怒气为争气的人，都是无敌的。

面对他人的故意挑衅，很多人尤其是年轻人，都会大动干戈，怒火中烧。而张博却能及时地转换自己的心态，欣然接受，并及时自省，为自己赢得了美好的前程，这难道不是一种过人的智慧吗?

其实，生活中类似的事情屡见不鲜，但是真正能像张博那样从容智慧地将怒气化为向上的力量的人却少之又少。下级犯了错误，上级很生气，脾气火暴，声色俱厉，到头来损害的只是自己的健康，伤的也只是自己的心；因小事与爱人发生争吵，烦闷憋屈，愤愤不平，最后伤的其实也是自己；与朋友发生摩擦，让人生气，怒气中烧，甚至互相攻击，最终既浪费了精力又伤了自己……错误应该受到惩罚，但不要通过生气去实现，那样只是伤人害己，得不偿失。所以，遇事切勿再去生气了，那是愚者的行为，最终只会害人害己。要做真正的智者，就要将怒气转化为个人前进的动力和昂头向上的勇气，从而为自己赢得美好的未来!

## 02. 除非自己愿意，没有人能让你生气

实际上，世界上没有人能让你烦恼，除非你拿别人的言行来烦恼自己，也没有人能让你生气，除非你自己愿意。也就是说，人的情绪主要是由自己控制的，而不是由外在的一切所主宰的，那些常因为外在的因素而生气或发脾气的人，通常情商都是低下的，内心也都是不够强大的。

“今天你会快乐吗?”许多人一听到这个问题，心中的第一个念头是:“那得看状况。”看什么状况呢？主要看今天遇上的人是否令人喜欢，今天发生的事儿是否让人如意，这才能决定今天是否会开心。换句话说，今天的际遇，会决定今天的心情。但事实上，真正的高情商者会毫不犹豫地回答:“当然会!”而这份坚决是来自他们所共同享有的一个秘密:“全世界唯一要为我们情绪负责的只有一个人，那就是自己!”

听起来太不可思议？心情怎么会跟别人无关呢？要不是他老对我无故大吼，我怎么会伤心？要不是客户发飙无理取闹，我怎么会生气？如果

“另一半”没有彻夜不归，我怎么会担心？其实，如果身为当事人的你在今早出门时，确切地定下了快乐的决心，告诉自己不论今天发生什么事，遇到如何不堪的际遇，都不会动摇自己快乐的心境，那么别人的举止，就无法对我们产生负面的伤害了。

有一天，一位行者经过一个村庄，村庄中突然跑出来一群人，想让他留下来在本村的旅社住宿。行者说：“谢谢你们来找我，不过我已经与前面村庄的人约好了，他们现在正在等我，我现在必须赶过去。不过，等明天回来后我会有较为充裕的时间的，到时候如果你们还有什么事情找我，再一起过来行吗？”

那群人见状，口中便说出污言秽语。行者依然不动声色地向前赶路。其中一个人说：“我们苦苦挽留，你却不应声。又将你贬得一无是处，你为何还是不动声色地我行我素呢？”

行者说：“假如你们要的是我的反应的话，那你们来得有点太晚了，你们应该在十年前就过来的，那时候我可能会对你们的话有所反应。然而，这十年来，我已经不会再被人所控制，我已经不再是个奴隶了，我是我自己的主人。我是在根据自己的真实的内心在做事，而不会随便跟随别人去做出什么反应。”

行者不为外物的任何因素所困扰、所左右，只按其内心的宁静主宰自己的行为，所以，他的世界必然是一片安宁的。所以，在生活中，当我们的情绪受到外物影响的时候，我们就有责任对自己说：“我是我自己的，外物无权来干涉或左右我的情绪！”其实，快乐是一种决心，只要你下定这份决心，就能掌握住情绪的主控权，而不至于在琐碎的生活事件中，糊涂地将心情的决定权让给别人，并让周遭的人来定自己的情绪基调。

面对他人的辱骂，如果我们认为“他就是看我不顺眼，这是恶意的中伤”，那当然会令人愤怒不已。然而，如果你把它解释为“他今天心情不好，出口重了，但不是冲着我来的”，那么，你不但不会生气，反而会有些替他担心。如果这样，你就可以控制自我的情绪了。

人的情绪真的只与自己有关，只有自己才需为自己的情绪负责任。所谓“你让我情绪不好”这句话是有谬误的，如果自己的内心足够强大，自己的内心是富足的、快乐的，那别人无论如何做，外界的环境无论如何糟糕，都不会令你生气或伤心的。所以，只要你是个能掌握自我情绪的人，无论外界的境遇如何，无论别人如何对你，你都会是快乐的。

## 03. 与他人生闲气，就是和自己较劲儿

人生气，很多时候都是由心中对他人所生的不满或恨意产生的：同事不小心冒犯了你，你心生恨意，于是处处想报复对方；老公做事不够利索，你对其产生不满，于是处处看他不顺眼；孩子考试没取得好成绩，你失望透顶，于是总是苛求于他；领导的批评使你愤怒，于是处处想与其做对……要知道，生他人的气其实是拿别人的错误和自己较劲儿，你心中的不满、恨意，最终苦的是自己的心，而别人却根本不知道。

张媚和好友逛街，在商场中发生了一件不愉快的事情。她和朋友买完东西回到家后，发现商场找给了她一张50元的假钞票。张媚一气之下便怒气冲冲地跑回到商店，但是售货员丝毫不认账，张媚生气极了，便与售货员发生了争吵，钱也没有换回。

回到家后，张媚觉得自己很是委屈。因为内心郁闷，所以，看到什么就想发脾气。下午去幼儿园接儿子的时候，看到他在做游戏时不小心弄得满身是泥，火便立即蹿上来了，对儿子训斥一通，惹得他哇哇直哭。晚上她做好饭后，见老公迟迟不回家，电话也打不通，便立即怒从中来。等老公回家，狠狠地与老公吵了一架，因为太过生气，就随手把桌上的餐具摔得粉碎。老公看她气哄哄的不可理喻的样子，就抱着儿子下楼去了。

张媚一个人在家，等她冷静下来仔细想想，觉得自己真是太愚蠢了。一整天都是为了50元钱在生气，对孩子大吼，与老公争吵，假币没换回来，还惹得全家不高兴，自己又生一肚子气，实在是划不来！

其实，生活中，我们都有过类似于张媚的经历：为一件小事大发脾气，跟自己较劲儿，也搞得周围的人都跟着不开心，实在是损人害己的行为。要知道，人的坏情绪都是有传染性的，你的心情不好，会让你周围的环境、气氛充满负能量，最终让周围人跟着“倒霉”。所以，生活中，我们切勿再去做这种愚蠢的事情了。与人发生摩擦、冲突，与其独自生闲气，不如坦然一笑，让所有的不快随风而散。

许多人也许都有这样的经历：在拥挤的十字路口，因为车辆太多而出现红绿灯失控的“惨状”，车辆突然失去了控制，不耐烦的司机在不停地按着鸣笛，喇叭声充斥于耳，整个交通处于瘫痪的状态之中。这个时候交警应该站出来，让车辆该停的停、该转的转。如果没有交警的疏导，不知道拥堵的现象会拖延到什么时候，造成什么样的后果。其实，人的坏情绪很多时候，也像拥堵的交通一样，如果我们试着做一个心灵的“交警”，给自己的情绪做个疏导，就可以实现合理的情绪转向。

所以，当你与他人发生冲突或不快的时候，与其生闷气、发怒气，不如学会放松一些，不与那些负面情绪做对抗，也不随意往其他人身上发，要学会优雅地转身，那些所谓的“气”，就会像傍晚的落日一样悄悄地消失在夜幕之中。

## 04. “问题”能让人动怒，但动怒却解决不了问题

坏脾气的人但凡在生活中遇到问题，其第一反应便是动怒：孩子犯了错，上去就是一顿臭骂；下属把工作搞砸了，先对其训斥发泄一番；朋友冒犯了自己，马上以恶语回击……但是，你是否想过，问题会让我们火冒三丈，但是冒火却解决不了任何问题，反而还会让问题变得更糟糕。

其实，富有智慧的人，在遇到问题后，先保持淡定、平和，然后努力去寻求解决的办法，而不是先丧失理智，对人生气、发脾气，做出让自己后悔的事。

世兰与丈夫结婚三年，前两年两人还算恩爱。但是，当“新鲜感”一过，她发现老公像变了个人似的，对自己的事从来不管不问，而且还发现他有“出轨”的苗头。

一次，丈夫说自己要与同事一起去KTV，直到半夜还未归家，这可急坏了世兰。打了无数次电话，都是关机。在无奈之下，就打电话给老公的一位同事。同事告诉他，他们在单位附近的KTV唱歌。

世兰的心里有些不安，就从床上爬起来，决定去找老公。走到门口，她看到了让她吃惊的一幕：老公在微醉的状态下拉着一位女同事的手在引吭高歌，深情处眼中还含着热泪，仿佛手心里的那只小手归属他一人，此情不渝，灿若珍宝。面对此景，世兰很想冲进去，给他一个响亮的耳光，但她却抑制住了自己的愤怒，让自己恢复平静。因为她清楚地知道，如果她当众让老公出丑，不仅不能挽回老公的心，而且还会让他们的感情彻底破裂。

随后一星期中，世兰都喜笑颜开，并不断地给老公制造惊喜。上班前一定要“吻别”，下班后温柔得像个小鸟似的，主动带老公去喝咖啡，去

看电影！生活丰富起来了，老公也变得更体贴、温柔了。

有一天下班后，两人依偎着在听歌的时候，老公却突然羞愧地对世兰说起了那天自己在KTV里的不雅行为。世兰听罢，很深情地说："那段时间是我太忽略你了，不能全怪你！"看着如此善解人意的老婆，老公紧紧地搂住了她！从那以后，老公一下班就往家跑，再也没有出现过半夜还不见人影的事情了！

由此可见，人只有在清醒、理智的状态时，才能将问题顺利解决。所以，生活中，我们切勿一遇问题便乱发脾气，将问题打上死结，将自己推入绝境中。

当然了，要有效地"制怒"，你可以试试理智控制法，即当你要动怒时，最好先让理智行一步，仔细地想想你发怒后，会造成怎样的后果。或者你也可以进行自我暗示，口中默念"别生气，这不值得发火"、"发火是愚蠢的，解决不了任何问题"等。也可以让自己在即将发火的一刻给自己下命令：不要发火！坚持一分钟！一分钟坚持住了，好样的，再坚持两分钟！两分钟坚持住了，我开始能控制自己了，不妨再坚持一分钟。三分钟都坚持过去了，为什么不再坚持下去呢？如此这样，你的理智就可以战胜情感了。

## 05. 化怒气为力量，激发你的潜能

生活中，上司的批评，同事的嘲笑、讽刺以及他人对自我能力的否定等，都会激发我们的怒气。如果你任怒气肆意蔓延，那你有可能会被人排斥，令人厌恶，甚至有可能断送前程，失去朋友。而如果你能将怒气转化为一种奋发向前的力量，那有可能会改变你的现状甚至命运。

几年前，刘涛是一家店铺的电脑维修工。当时仅有26岁的他，心虽怀

远大的梦想，但自己所处的环境却与自己的理想相差甚远。

有一天，刘涛从朋友那里获得了一个消息，北京一家软件研发公司正在招工程师。刘涛高兴极了，于是便决定去试一试，他期望幸运可以降临到自己头上。但是，事情并不如意，面试官向他提的基本专业问题，他都回答得一团糟。末了，面试官对他说："看得出来，你是个眼高手低的人，还是回去踏踏实实做你的维修工吧！"

刘涛听罢，有些恼怒，但很快压下去了。回到家里，他一个人坐在窗前，看着外面闪烁的灯光，不由得陷入了沉思中。他脑中不停地回想起面试官的那句话，仍旧怒气冲冲的。但是，他很快又恢复了平静，心想：我不能再这样下去了，生气、愤怒并不能解决任何事情，我要好好反省，以后谁都不能小瞧我！

随即，他开始反思自我，认为自己并非智力低下，而是因为自己的情商太低。他发现，与周围那些成功的人相比，自己最为明显的缺陷就在于总是情绪失控。他记得有一次，公司要从维修工中提拔一个优秀的人为小组管理者，但是他却因为内心的胆怯和不自信，让自己错失了那次机会；还有一次，他在维修电梯的过程中，因为一件小事情与小区人员发生了冲突而受到了领导的批评；他在工作中，也时不时地会因为不够理智与同事发生这样或那样的矛盾或冲突。想到这里，他的思绪一下子清晰了起来，他第一次意识到自己的最大缺点在哪里：情绪不够稳定，过于冲动，遇事不够冷静，有时候还会莫名其妙地自卑。

一整个晚上，刘涛都在进行自我检讨。他发现自己自工作以来，一直都是妄自菲薄、得过且过、眼高手低的人。同时，他也暗自下定决心，要改变自己，努力克制自我情绪，重新塑造一个全新的自我。

第二天起床后，刘涛感觉到了从未有过的轻松。他开始学会调控自我，每天都微笑着对待周围的人，而且还专心研习软件开发知识，并虚心向同事和领导请教一些细小的问题。当然，两年后，刘涛便得到了机会的垂青，他被一家有实力的软件公司看中，最后成了那家公司的骨干。

刘涛在没有受到别人打击时是一个得过且过的人，当受到别人的批评后，他有些愤怒。但愤怒的结果有两种：一种是自暴自弃；另一种是积极向上。刘涛的成功就在于能及时化怒气为力量，于是通过自我努力，为自己赢得了不错的前程。如果他当时与面试官大吵一架后自暴自弃，那么前途很可能会一片渺茫。

可以说，一个人只有掌控了自己的内心世界，才能掌控外面的世界。也可以说，一个人如果有强大的征服自我的能力，那么，他也能征服世界，所以，从这个意义上说，成功属于有自控力的人！

## 06. 嘴上赢了，实则输了

世间芸芸众生，对同件事物，每个人都有自己的想法和看法。所以，与他人交往，出现意见不一致是极为正常的事。可是，一些人会为了赢得口头上的一时的胜利，总要与人争得“天昏地暗”。

与人争论是一场永输无赢的“战争”，正如富兰克林所说，如果你总是抬扛、反驳，也许偶尔能获胜，但那是空洞的胜利，因为你永远得不到对方的好感，世间有什么比和气、友情更珍贵的呢？

与人舌战不休，拍桌打椅，争得面红耳赤、嗓音嘶哑，最终的结果只有一个：徒劳无益，因为即使你争赢了，但这种表面上的胜利实则无益，而且还会损伤对方的自尊，影响对方的情绪，若是争输了，自己也不会觉得光彩。所以，遇到与人意见不一致的时候，最好的策略就是不与人争论。

李莉在一个大商场中当经理。一天她正在办公，突然听到外面有争吵的声音，赶忙出去了解情况。原来，一位年轻人从商场买了一件衣服，但是穿了一天发现那衣服掉色极严重，把他的衬衣都染色了。他拿着这件衣服来到商场，请求退货。

年轻人气呼呼地拿着这件衣服说理，售货员听罢，说：“我们卖了几十套这样的衣服，你是第一个找上门来抱怨衣服质量不好的人。”说完，还冷笑了一声。从她的语气听来，似乎那位年轻人在撒谎，想把责任推给商场。另一个售货员也说：“所有深色衣服开始穿时都会褪一点颜色，这个是可以理解的，尤其是这种价钱的衣服。”

“你们这么说，意思就是我无理取闹是吧？”年轻人气得差点跳起来。

李莉看到事情如此发展，当然不能够坐视不理。正当年轻人准备做出反击的时候，她来到年轻人跟前，很客气地说：“很对不起，是我们做得不对。您想怎么处理？我尽量考虑您的建议。”说完后就批评那两个售货员：“你们怎么能够这样对客户说话，客户是来解决问题的，而不是让我们推卸责任的。”

听到李莉这样说，年轻人的火气消了一大半，便说：“我倒是想听听您的意见。我想知道这套衣服以后还会不会再染脏衬衣，能否再想点什么办法。”

“那我建议您再穿一星期。如果还不满意，就把它拿来，我们想办法解决。请原谅，给您添了这些麻烦。”

李莉的话，尽管让年轻人依旧半信半疑，但他还是较为满意地离开了商场。一个星期以后，年轻人也没有来，或许衣服不再掉色了。

李莉的聪明之处就在于，没有因为售货员和客户的争论，让自己的心态出现明显波动，从而避免了争吵的升级，将无谓的争论打上休止符。

真正的智者，不会以口头的争论去改变他人的想法或思想。争辩一则于己不利，因为如果对方的意见对了，可是你没听取，那就得不到正确的信息，也无法获得正确的结果；二则伤害他人，因为你不尊重他人的意见，也就伤害了他人的自尊心，使你人际关系受损。所以，在任何时候，都不要与顾客、配偶甚至敌人发生口头上的冲突，别指责他们的错误，别惹他们动怒，如果非得与人发生对立，也得运用一点技巧，要对别人的意见表示出尊重来，这是让你赢得好人缘的前提。

## 07. 提升气量，断绝生闷气的根源

生活中，动不动就生闷气的人，通常都是气量极小的人：稍遇不顺，马上气便不打一处来；与人一句话讲不拢，扭头便开始生闷气……要想从根本上改变自己爱生闷气的习惯，就要提升自我的气量。一个爱与人斤斤计较，没有容人、容事之量的人，其眼界是无比狭隘的，格局也是狭小的，是难以成事的。

马云说："要提升气场，就要先修炼气。"不可否认，那些真正有气度的人，无论遇到怎样的坎坷都会微笑面对，遇到怎样倒霉的事，都会运用智慧巧妙和气地化解，这样的人处处都透着成熟、稳重与可爱，这才是真正地为自己争气。

美国前总统里根在当选美国总统之前，家里被盗，朋友曾写信安慰他。他却回信说："谢谢你的来信，我现在心中十分地平静，因为：第一，窃贼只偷走了我的财物，并没有伤害我的生命。第二，窃贼只偷走一部分东西，而非全部。第三，最值得庆幸的是，做贼的是他，而不是我。"朋友随即为他的气量深感佩服。

后来，在他竞选总统时，在一次演讲中，台下突然有个捣蛋分子高声打断了他说："狗屎！垃圾！"

里根虽然受到了干扰，但他情急生智，不慌不忙地说："这位先生，请少安毋躁，我马上就会讲到你所提出的关于环保的问题。"全场人不禁为他机智的反应鼓掌喝彩。

在他上任初期，有一次被枪击中，身负重伤，子弹穿入了胸部，情况极为危险。在生死攸关的时刻，他并没有下令立即抓捕暴徒，而是对太太说："亲爱的，我忘记躲开了。"美国民众得知总统在身负重伤时仍能大度幽默，都期望他能早日康复。也正因为他的大度镇定，稳定了当时因受伤可能产生的动荡的局势。

里根总统正是因为拥有容人的气度，才让他有了过人的气场。可以说，拥有宽阔的胸怀与气度是一个人智慧的最高体现。这样的人，其身上从日渐成熟的阅历中历练出来的从容、稳重与和善的待人接物的气质风度，是赢得朋友信赖、陌生人喜爱的精神符号。在任何时候，他们都能从容地面对生活中的磕磕碰碰，其能够从容冷静地，用自身的智慧与强大的内心一一搞定。这样的人，无论在什么情况下，都能驾驭好事业和生活的这两条船，稳当地向成功和幸福的彼岸驶去。

## 08. 保管好快乐的钥匙，别将它轻易交给他人

每个人的心中都有一把快乐的钥匙，但生活中我们会不自觉地将它交给旁人去保管。生活中，经常听人有这样的抱怨和烦躁："我过得很不快乐，因为朋友误解了自己。"他其实是把自己快乐的钥匙交到了朋友的手中；一位员工说："我今天很烦躁，被客户坚决地回绝了！"他其实是把快乐的钥匙交到了客户手中；一位妈妈说："我的孩子真不听话，气死我了。"她其实是把快乐的钥匙交到了孩子的手中；一位男人说："真是丧气，老板总是对我冷言冷语，工作真是太过压抑了。"他把快乐的钥匙交到了老板的手中；年轻人从商店出来，气愤地说道："那老板态度恶劣，真是把我气炸了。"……生活中，许多人都在做同样的事情，就是让他人来控制自己的心情。当你允许他人来掌控你的心情时，你便会在工作和生

活中不停地抱怨、随意发怒、情绪焦虑，有些人甚至患上了忧郁症，在悲观、怨恨和烦躁中一蹶不振。

哈伦斯是一家著名杂志社的心理学顾问，一次，他与朋友一起去一个报摊买报纸。交完钱，那位朋友礼貌地对卖报人说了一声“谢谢”，但是对方却阴着脸，态度极为冷淡。

“那个家伙真是讨厌极了，不是吗?”在回家的路上，哈理斯问道。

“是啊，他每次都这样，很少对人笑。”朋友漫不经心地说，丝毫没有生气。

“那你为什么还要对他那么客气呢?”哈伦斯有些疑惑了，他为朋友打抱不平。

朋友则只是微微笑了一下说道：“我为什么要让他决定我的行为呢?”

一个内心成熟、淡定的人，会懂得牢牢地握住自己快乐的钥匙，他不会期待别人带给他快乐，反而还能把快乐和幸福传递给他人。这样的人，时刻都是情绪的主人，不以外界的影响而悲喜。

一天，张苏因为与同事处不好关系，心情烦躁，就去找自己大学的老师聊天。见面，张苏就表现出一副愁苦的样子，向老师感叹自己虽然满腔抱负，但因为在工作中表现得太过积极和热心，总受那些混日子的同事的指责和排挤。

老师听罢，哈哈一笑，沉默不语，只是端水果给他吃。张苏因为心情烦躁，就摆手说自己平时不爱吃水果。老师还是给他，张苏仍旧摆着手不接。老师仍旧微笑着，放下果盘，对他说道：“看看吧，你不接的话，我还得收回来！就像别人在背后指责你，你如果不为此所动的话，话语不是还得被说话者收回来吗?”张苏猛然醒悟，别人的指责和谩骂，如果自己不当回事的话，对方怎么能伤到自己呢？恐怕伤到的只是他们自己吧！随即，张苏立即对老师的智慧感到敬佩。

的确，为他人的言行生气，是拿别人的错误惩罚自己。别人对你的冷漠也好，恶语相向也罢，其目的就是让你难受、生气、愤怒，如果你果真生气，不就正中了对方的下怀么？而如果你全然不去理会，那受惩罚的自然就是对方了。我们在任何时候都无法阻挡别人的行为，唯一能把握的只有自己。快乐的钥匙始终在自己手上，请别轻易将它交给别人！

## 09. 快乐不是得到的多，而是计较的少

快乐不是得到的多，而是计较的少！我们要获得快乐，就不要太过精明和计较，名利地位、金钱美色，样样都不肯松手，生活只会如负重担，不仅劳累而且压抑；反之，什么都不计较，什么都糊涂一点，反而会获得无比的快乐和轻松。

苏格拉底曾经是单身汉的时候，与几位朋友一同挤在一间仅有十平米的房子中，因为人太多，连转个身都极为困难。但是他却一天到晚乐呵呵的，别人对其很是不解。然而，在他的心里，总觉得与朋友们住在一起，随时可以交换思想、交流感情，是一件极为快乐的事情。

后来，苏格拉底的朋友们都纷纷成家了，先后搬了出去，只剩下苏格拉底一个人“独守空房”，但他每天却都很快活。朋友们不明白他一个人孤零零的有什么好快活的。而他说：“因为我有很多好书啊，一本书就是一位老师，每天都能向它们请教，是一件快乐无比的事情啊。”

几年之后，苏格拉底成了家。住在七层楼的最底屋，属环境最差的地方，很不安全，也不卫生，经常会有人往下面泼水、乱扔臭袜子什么的。但是他却依然喜气洋洋的，并坚持地认为住在一楼有诸多的好处，比如进门就是家，不用费力气爬楼梯，搬东西很是方便，朋友来访也方便，还可以在空地上面种花草……一年之后，因为一个偏瘫的朋友上楼很不方便，苏格拉底就与他互换了房，住在了楼的最高层，同样地，他也觉得很是开心、很是满意。因为爬楼梯可以锻炼身体，住在高层光线很好，可以很安

静地写文章、看书。

总之，无论身处于哪里，无论在怎样的环境中生活，苏格拉底都会十分快乐。人们十分不解，就去问苏格拉底的学生柏拉图。柏拉图回答道：“决定一个人心情的，不在于外在环境，而在于内心的环境。”

很多时候，并不是拥有的多了，快乐就多。快乐其实是一种心境，模糊一些东西，对于现存的无法改变的东西不要过多地计较，心宽了，人也自然快活很多。

外表简单一点，内涵就会丰富一点；需求简单一点，心灵就会丰富一点；环境简单一点，空间就会丰富一点。逃避不一定躲得过，面对也不一定最难受。获得幸福的方法是要最大限度地珍视所有的，遗忘不属于自己的。满足才是最真实的幸福。许多事情的答案都不止一个，所以，我们永远都有路可走，我们能找个理由难过，也一定能找到快乐。

## 10. 问自己：一年后还会在乎这件事情吗

如果你正在为一件小事而纠结，那么，请你把目前所面对的情况，假想成不是现在正在发生的事，而是一年后的事情。然后，再仔细地询问自己：“这个情况真的有我所想的那么严重吗?”目前你过于在乎的事情，如果将时间无限期地拉远，就不会是那么一回事了。

布莱克伍德是美国著名作家，在他四十多岁的时候，因为战争的原因，所有的事情几乎使他烦透了，精神几度处于崩溃的边缘。他所创办的商业学校，因为当地的男孩子入伍，面临着极为严重的财务危机；而他的儿子则在军校中服役，生死未卜；当地政府要征收土地建造农场，而他的房子正好在被征收的土地之上，他拿到的赔偿金也仅仅是他房子市价的十分之一；他的大女儿因为提前一年毕业，她上大学需要一笔费用，而这笔钱他还没有筹到。布莱克伍德正坐在办公室里为这些事情烦恼，便随手拿了一张便条写了下来，冥思苦想应对所有事情的对策，但是未能想出更好的解决办法。最终，他无意间就将这张纸条放进了抽屉中。

一个月又一个月过去了，布莱克伍德自己根本已经不记得自己写过这张纸条。一年之后的一天，他在整理自己的资料时，无意中就发现了这张记着曾经让他头痛不已的烦心事的纸条。一边看，他淡然地笑了笑，觉得很有趣，因为他当初担忧的那些事情根本一件也没有发生，更为可笑的是，现在再想想当初的自己，那些计较根本就是多余的。

刚开始，他担心商业学校无法办下去，但政府却拨款训练退役军人，他的学校很快就招满了学生；他曾经担心自己的儿子在战争中受伤，但是最终儿子却毫发无损地回来了；他担心土地被征收去建农场，但是后来却因为住房附近发现了油田，所以他的房子并没有被征收；他担心长女的教育经费凑不齐，但是他却找到了一份兼职稽查工作，解决了这个难题。

最后，布莱克伍德得出了一个这样的结论：生活中，我们所过于在乎、过于担心的事情，99％都是不会发生的，人总是会为了一些不会发生的、一些无关紧要的事情去烦恼，让精神饱受折磨，实在是一大悲哀！

你所担心的事情，在漫长的时间洪流中，不过是一粒不起眼的小沙粒罢了。无论是跟你的配偶、小孩或者上司吵架，还是自己犯的错误、一个错失的机会、一个遗失的皮夹、一个工作上的回绝，或者是扭伤了足踝，一年之后，你可能都不会在乎了。这只是你生命中不足挂齿的一件小事。

当然，你还可再回首一下自己走过的路，就会发现，当初让我们都觉得天都要塌的困难，在现在看来只不过是一些鸡毛蒜皮的小事而已；当初那些让人感到快要窒息的斥责，现在看来也显得极为可笑了；过去那些令自己万分痛苦的事情，现在也只是供自己茶余饭后闲聊的一个话题罢了……一切的一切，都已经成为永远的过往。再痛苦、再不幸，也只是生命中一个过往而已，只要将心灵放大一些，不要将那些不快留在我们眼前或者心中，一切都会成为永久的过往。

所以，不要太计较眼前的一些痛苦和烦恼，那只会缩小我们的内心，心小了，如何能装得下未来的大千世界呢？

# 不困于情：挥别执念，古痴今狂终归尘

平静、和谐的人生就该不为情所困。“情”即为感情，人都是有七情，因为心量的狭小，看不透、看不开，所以很容易被情所困。虽然真正的爱情是无条件地付出，但多半人却是以占有、控制为出发点，这与人类安全感的需求有关，因为不希望和他人分享自己所拥有的，所以被情所困的人通常是痛苦的、焦虑和烦躁的。真正的爱情应该“相敬如宾”，在一起时应互相关照、体谅尊重，如遇到挫折就该一起想办法去面对。如果缘分尽了，也该淡然处之，挥别执念，微笑着转身，一如既往地美好。这样的人生才是安详的、和谐的，人生也才能更加地美好。

# 第五章

# 人之所以会伤于情，是因为不够淡然

## ——缘来不狂喜，缘去不悲泣

人之所以会伤于情，多是因为不够淡然，看不透、舍不得、输不起、放不下。看不透感情中的纠结、争吵后的隐伤，看不透喧嚣中的平淡、繁华后的宁静；舍不得曾经的精彩、不逮的岁月，舍不得居高时的虚荣、得意时的甜蜜；输不起一段情感之失，输不起一截人生之败；放不下已经走远的人与事，放不下早已尘封的是与非。为此人也只能被痛苦、烦恼缠绕。其实，真正理智的情感应该是随缘的，缘来不狂喜，缘去不悲泣。其实，无论感情也好，生活也罢，人生的一切得失缘在于一个“缘”字，它是让人捉摸不透的东西，与其强求，不如懂得随缘，来去缘随缘，这样的人生才是惬意的人生。

### 01. 懂得随缘，强求的爱情要不得

一个女孩子为了追求自己暗恋多年的男子，曾经发誓一定要变成他所希望的样子，为此她把自己辛辛苦苦挣来的钱都用在了美容上面，并且还给年迈的父亲的生活费一减再减，自己必要的社交几乎也停止了。可是当她最后一次整完容之后，那个男人已经和他的未婚妻出国留学去了。这个女孩子也只能暗自悲伤，长时间的节衣缩食，让她的健康状况越来越差，

工作业绩也一再下滑，更为严重的是，年迈的父亲因为没有足够的钱治病，逝世了。

我们要知道，爱情只是一种感觉，很多时候都是强求不来的，强求的爱情，只会让我们生活在黑暗之中。如果将所有的时间、精力都用在讨好恋人上，这样只会令人疲惫不堪，失去优雅，感受不到任何的幸福，甚至还会让女人失去自尊。

张爱玲说，于千万人之中，遇见你所遇见的人，于千万年之中，时间的无涯的荒野里，没有早一步，也没有晚一步，刚巧赶上了，没有别的话可说，唯有轻轻地问一声："哦，你也在这里？"爱情，很多时候，没有不早不晚的"刚刚好"。一个能得到"刚刚好"爱人的人，说明其是能够克服内心贪欲的强大的人。

人生中，有些缘分来得早，有些缘分注定会来得迟。真正聪明睿智的人，对爱情都持随缘的态度。随缘可以令人保持一颗恬静的心，使人能够理智地看待生活和工作中的得与失，在任何时候都能够保持冷静和从容。

蕾蕾是一个长得很标致的女孩子，凡是见过她的人，都被她的容貌所吸引。因为长得漂亮，所以单位中的许多男同事都喜欢她。面对诸多的追求者，蕾蕾很不以为然，因为她一直喜欢晓雷。晓雷也是蕾蕾的同事，只是与她不在同一个部门。

虽然蕾蕾暗恋晓雷许久，但是晓雷对蕾蕾却毫无兴趣，蕾蕾自己也感受得到。

蕾蕾将心事告诉了她最好的朋友，朋友则劝她说，既然爱他，就不要错过了，大胆向他表白才是！

有一天下班后，蕾蕾终于鼓足勇气在公司门口等晓雷，见到晓雷后，便主动向他说明，自己其实已经喜欢他好久了。

事出突然，晓雷吃了一惊，但是最终还是十分遗憾地说，自己已经有了女友，而且两人过得很甜蜜，正准备结婚呢！

听到此话，蕾蕾心里有些失落，但是，她依然微笑着，祝福了晓雷。

事后，朋友问她心里是否很难过，而蕾蕾则笑着说：“我已经将我的爱表达出来了，心里已经没有遗憾了。感情的事情要看缘分，没有如我所愿，只说明我们没有缘分而已，没有什么可伤心的呀！”

蕾蕾这种对待爱情坦然、淡定的态度，让我们敬佩。面对爱，她勇敢地表达出来，纵然没能如自己所愿，也没有表现出伤心和难过，这是一种睿智的生活态度。

聪明的人，都是以一种随缘的态度对待爱情。这样的人，不从众，独立、自我，不会为迎合对方而委屈自己。他们乐观、自信，并且不急功近利。他们思维不偏激，行事不过头，既不致别人于难堪之地，也不对自己苛求。他们全力投入生活，他们在爱情中充分地享受快乐和幸福。

爱与被爱，都是件让人幸福和快乐的事情，不要让这些美好的事情因为强求而变得痛苦。对于不爱自己的人，要学会理解、放弃和祝福，不要枉费精力，在得不到的感情中苦苦折磨自己，浪费了自己最宝贵的青春年华。

## 02. 先宽恕的人，必先得到解脱

他第一次去巴厘岛出差，买了一条珍贵的翠红色宝石项链送给她。那一粒粒晶莹剔透的珠子，散发出一缕缕淡雅的清香，沁人心脾。这串珠子代表爱情和久远和坚贞，看他认真向她求爱的模样，她心动了，答应了他的求婚。

然而，就在婚后的几年，他竟然爱上了一位漂亮的酒吧驻唱女。他儒雅、幽默、睿智，有责任感，有事业心，没有女人喜欢是不可能的。在那位女人的强劲攻势下，他最终向她摊牌，并递给她一张离婚协议书。她默默地在上面签了字，心中满是伤痛。离婚后的她，在经历了伤痛后，毅然拿起久违的画笔重新开起了自己的工作室。几年后，她已经成为远近闻名的画家了。

而那位酒吧驻唱女自和他结婚后，总是彻夜不归，让他心烦意乱。他突然觉得这样的婚姻并不是自己想要的，他后悔自己为了追求片刻的欢娱选择了一个根本不适合自己的人。没多久，他毅然填好了离婚协议书。这场始乱终弃的婚姻让那位酒吧驻唱女的心中埋下了深深的仇恨。从此之后，这位酒吧驻唱女开始消沉，每日不是在酒吧酗酒，就是在麻将桌上消耗自己的时间。

这两位女人固然都经过了同一个男人的生命洗礼，都曾经被同一个男人喜爱过也厌弃过，但却选择了不同的结局。先宽恕的人，必先得到解脱，那位女画家的坚强与酒吧驻唱女的消沉，无不让人感受到，与其说现实束缚住了女人发展，倒不如说是女人心中的恐惧裹住了自己的脚。同样是女性，一位被丈夫抛弃了之后并没有否决自己，反而发展得如此独立与完整，另一位却在酒吧和麻将桌上消耗了大半生。

在感情受到伤害后，每个人心中都会或多或少埋下隐痛或恨意，这种不快感就是一种精神束缚，让人郁郁寡欢，对生活处于消极状态。其实，与其让伤痛来折磨自己，不如学着去释怀，懂得宽恕，这样做是让自己的精神得以解脱，以更好地面对未来。要知道，不放过别人，就是不放过自己。

很多时候，怨恨是一个人对受到的深深的无辜伤害的自然反应，这种情绪来得快，去得也快。无论是被动的还是主动的，怨恨都是一种郁积着的邪恶，它窒息着快乐，危害着健康，它对怨恨者的伤害比被怨恨者更大，而清除怨恨最直接有效的方法便是宽恕。

宽恕是一种能力，一种停止伤害继续扩大的能力。宽恕不只是慈悲，也是一种修养。

当耶稣说“爱你的仇人”的时候，他也是在告诉你，如何改进你的外表。你一定见过这样的女人，她们的脸因为怨恨而布满皱纹，因为悔恨而变了形，表情僵硬，无论如何美容，也及不上让其心里充满宽容、温柔和爱的效果好。

即便你无法爱曾经伤害你的人，至少也得爱自己。要知道，伤害你的人已经伤害你了，何必让他来主宰你的快乐、健康和外表呢？就如莎士比亚说的：“不要因为你的敌人而燃起一把怒火，烧伤你自己。”你也许不可能像圣人般去爱你的仇人，可是为了你自己的健康和快乐，你至少应该忘记他们。艾森豪威尔将军的儿子约翰说：“我父亲不会一直怀恨别人。”他还说：“我爸爸从来不浪费一分钟，去想那些不喜欢的人。”

为此，我们在面对伤害，在痛苦之余，一定要懂得宽恕。宽恕是强者的行为，当你愿意看开别人给予的伤害，在这一刻，你已经超越了对方，成为强大的人。因为谁先学会了宽恕，谁就最先得到解脱。

## 03. 别背负婚姻失败的伤

朱莉在两年前离了婚，自此之后，她一直无法走出离婚的阴影。两年来，没有见过她的笑脸，每当看到朋友甜蜜的日子时，她便会泪流满面。她会说：“无论是闭上眼睛还是睁着眼睛，事情就好像发生在昨天一般，怎么也抹不去。”

因为她始终无法走出悲伤的情绪，让一段原本可以开始的爱情在有可能来到的幸福面前戛然止步。

爱上她的是一个没有婚姻经历的小伙子，因工作接触，爱上了她的温柔和善良，交往一年后，小伙子向她提出回家见见父母，把婚事定下来，她却犹豫不决，虽然最后同意了，但那一天她还是失约没有出现。最后，小伙子只好黯然离开。

离婚的伤害是刻骨铭心的，毕竟两人并肩携手走过一段人生缤纷的岁月，生活的点点滴滴早已经刻在记忆中了。可人生却不会因为一段婚姻的终止而终止，不会因为不爱了就没有希望了。人的一生难免有伤痛，但不要因为一场失败的婚姻毁了自己一辈子的幸福。生活是一条向前流淌的河流，只能向前不能回头，面对已经失去的感情，唯有及时舍弃，然后快乐、勇敢地走以后的路，才是积极的人生态度，才有可能伸手触及到未来的幸福。

刘怡是位洒脱的女人，虽然几年前她与丈夫分道扬镳了，但是，她依然过得快乐十足。她说："离婚了还要继续生活，并且还要生活得更好。"在这样的心态下，她很快走出了阴影。她说："曾经觉得离婚是头可怕的野兽，曾经让我心力交瘁，不知如何去对付。曾经的一家三口的金三角就这样缺了一个角。早已经习惯了那种呼吸甚至烦腻的鼾声就那样从耳边消逝了，谁孤身一人躺在偌大的床的一隅不会暗自流泪？现在想来觉得没什么，其实当初我也哭过、闹过，曾经的誓言随风而逝，十几年的婚姻从满怀热忱到无奈的鸡肋，以至之后的崩溃瓦解，从亲密的知心爱人变成淡如陌生人甚至怒目而视，柴米油盐终究抵不过霓虹处的温柔软语，我也恨啊，却不知道究竟恨什么，只是哭过之后倦了，累了，所以就散了。不爱就不爱了，茫茫长路我还得自己好好地走啊！"

人生的路不是一帆风顺的，总会有突如其来的变故，婚姻也是如此，我们一定要及时调整好心态，以淡然的心态去面对婚姻失败的伤，积极乐观地面对以后的人生道路，如此才能让人生不留遗憾。

要知道，人生的道路是不可逆转的，背负着过去的痛苦走完一生真的是不值得。事情终究过去了，痛苦也成为永久的过往了，一切后悔与叹息都于事无补了，一味地折磨自己，会让你失去更多。

所以，从现在开始，我们要以积极的心态去把握好今天，不要总是沉浸在过往的回忆之中，当过去的痛苦袭上心头时，一定要有意识地多做些运动、听音乐、干家务、找朋友聊天等，转移自我情绪，控制自己，使自己尽快乐观起来。要坚信，疼痛只是暂时的，幸福就在不远的将来等着我们。

## 04. 别让“执迷不悟”将你的幸福“辗碎”

“前世五百次的回眸，换来今世的一次擦肩而过”，这是万千痴男怨女所信奉和喜爱的一句经典爱情佛语，它源于一个动人温婉的爱情故事。

有一个出身豪门的待嫁女孩，年轻貌美，又多才多艺。媒婆把她家的门槛都给踏破了，却始终未见她松口应允，因为她心里住着一个男孩。

庙会时她跟他的一次擦肩，她便永远爱上了他。于是，她每天都向佛祖祈祷，希望能见到他，如有可能希望能和他结为夫妻。

日复一日，年复一年，她的诚心终于感动了佛祖。佛祖显灵。

女孩便央求道：“请让我再见一眼他吧！”

佛祖说：“可以，但你要放弃你现在的一切，包括爱你的家人和幸福的生活。并且你还必须修炼500年，才能见他一面。你不会后悔么？”

女孩说：“绝不后悔！”

于是，女孩便变成了一块大石头，躺在荒郊野外。在四百多年时间里，她忍受了难以想象的风吹日晒。但女孩觉得没什么。终于，在最后一年，一个采石队来了，看中了她的巨大，把她凿成一块巨大的条石，运进了城里，他们正在建一座石桥，于是，女孩变成了石桥的护栏。就在石桥建成的第一天，女孩终于看见了，那个她等了500年的男人！

他行色匆匆，像有什么急事，很快地从石桥上走过去了，当然，他不会发觉有一块石头正目不转睛地望着他。

男人又一次消失了，再次出现的是佛祖。

佛祖说："这下，你该满足了吧？"

女孩说："不！为什么我只是桥的护栏？如果我能被铺在桥的正中，我就能碰到他了，我真的只想触摸他一下！"

佛祖说："你想触摸他一下？那你还得修炼500年！你已经吃了那么多苦，还要再等500年，你难道不后悔？"

女孩说："我不后悔！"

于是，女孩变成了一棵大树，生长在人来人往的大道上，天天观望，期待他再来……

又一个500年过去了。在第1000年的这天，女孩知道他要来了，心中激动不已。这一次，她等待的那个男人并没有匆匆走过，而是因为暑天人乏，靠在女孩变的那棵大树旁睡着了。她终于摸到他了。他就靠在她的身边。片刻过后，这个男人还是头也不回地离开了。

佛祖再次出现。女孩又一次央求道："我还想做他的妻子！"佛祖说："达到这个愿望的话，你还得再修炼1000年，还要吃比之前更多的苦，你不后悔吗？"女孩有些伤感，问道："他现在的妻子也受过像我这样的苦吗？"佛祖微笑地点点头，然后叹息道："有个男孩又要多等你1000年了，他为了能够看你一眼，已经整整修炼了2000年！"

500年一次回眸，1000年一次感受。有人说值得，有人说不值得。男人和女人之间最让人执着和痴迷的，永远逃不过一个"爱"字。但是，我们要明白，爱情本身就是一个体验幸福和快乐的过程，如果太过挣扎和执着地去寻求一份爱的结果，最终拥抱的只有痛苦。遇上了，爱上了，便是尘世的缘分。分开了，就要学会放手，如果太过强求缘分的延续，只会将你当下的幸福慢慢吞噬。

梅珊终于决定请大家吃喜糖了，大家都惊诧万分，不是认为她唐突，而是因为她终于下了决心与她热恋了两年多的男友结婚。

梅珊之前受到过伤害，大家都知道那个男孩子，当初与她爱得生死难分，已经到谈婚论嫁时，男孩子突然负她而去，给她极大的打击。所以尽管她与后来的男友关系不错，但因为心里始终放不下前男友，而迟迟不提“结婚”两字。男友也一直默默地关爱着她，只字不提那两个字。

这一天，男友到另一个城市做生意，到了那里才发现货物价格上涨很多，带去的钱不够。于是，他便打电话给梅珊让她给他汇些钱过去。他的存折都放在她那里。但他却没有告诉她存折的密码。也许是忘记了，也许是以为她本来就知道，因为他好多次取钱都是与她一起去的，她该知道密码。其实那密码也无非是他们的生日的组合：他是1982年4月5日生的，她的生日是1984年2月13日。

与她一起去的朋友在银行门口等她，她在柜台前填了单子，银行小姐叫她输密码时她才想起忘了问男友，但事已至此，她隐约记得密码是与生日有关。便输了198245。是男友的生日，但电脑提示她输错了。她又输了820405，又错了。银行小姐看了她一眼，她便不自然起来。想了一下又输入542891，结果还是错。银行小姐用怀疑的目光盯着她，她不敢再输号码了。在门口等她的朋友走了过来，问了几句后，便输了840213，结果密码对了。

在银行门口，她问朋友怎么知道的，朋友认真地对她说：“看得出来，他很爱你，做什么事肯定会先想到你，然后才是他自己，设密码当然也会如此啊，首先一定先想到的是你的生日……”

她给他汇了钱之后就给他打了电话，在电话末了她轻轻对他说：“回来之后，我们结婚吧……”

对一份抓不住的爱，与其苦苦挣扎，不如及时舍弃。勉强只会使你陷入痛苦，周围的幸福也会慢慢地流逝。既然注定是一段无果的爱，那就学会放手吧，给别人留下爱你的空间，也好让自己有时间去爱另一个值得自己爱的人，这便是我们获得幸福的密码。

爱与被爱，都是件让人幸福和快乐的事情，不要让这些美好的事情因为强求而变得痛苦。对于不爱自己的人，我们要学会理解、放弃和祝福，不要枉费精力，在得不到的感情中苦苦折磨自己，浪费了自己最宝贵的青春年华。

## 05. 女人愁苦的根源："我的"男人，谁敢动

一个八岁的小男孩，和离异的妈妈一起生活。日子虽然过得紧巴巴，但是无私的母爱却让他的童年生活充满了快乐。

一天，他放学回家，看到一位陌生男子——那是别人给妈妈介绍的对象。男孩看到他，便扭头就往外跑。从此之后，他就变得郁郁寡欢，有时候甚至还为此事与妈妈大吵大闹，说："你是我的妈妈，你的世界里只能有我，你爱别人不能超过爱我。"

妈妈语重心长地告诉他："我是你的妈妈，但我也是我自己的啊。"

生活中，我们之所以不快乐，主要在于太过执着于"我"字：孩子说，这是"我的"玩具，其他人不能随便玩；学生说，这是"我的"老师，不允许他特别地欣赏别人，一定要欣赏"我"；朋友说，你是"我的"朋友，一定要对"我"够义气，讲信用；家长说，这是"我的"孩子，一定要听"我"的话。同理，在感情世界中，许多女人之所以享受不到爱情的甜蜜，也主要太执着于"自我"：你是"我的"男人，你要一切都听命于"我"；你是"我的"老公，不允许任何一个女人去惦记；你是"我的"爱人，你一辈子只能对"我"好……我们的一切行为和思想，都是紧紧围绕满足"自我"需求而展开，于是也经常会以"我的"名义去要求你的男人，甚至是控制对方，那么，忌妒、仇恨、贪婪、背叛、吵闹、纠纷，乃至战争自然就开始了。

苏岑说："上帝给男人一双眼睛，是用来盯美女的。上帝给女人一双眼睛，是用来盯住男人的。"女人盯男人，主要是因为在她的意识中认为，他的男人是完完全全属于自己的。要知道，你身边的男人在社会属性上是属于你的，但是在生物属性上，他首先是属于他自己的，你的各种强制性的"盯梢"行为，会让男人在失去"自我"的同时，也会排斥你。所以，智慧的女人，会把自己身边的男人看成一个独立的个体，尊重他的一切行为、做法，在给对方充足空间的同时，也能牢牢地把男人抓在手中。

今年35岁的刘茵是个普通的女人，她的丈夫张俊是一家集团公司的总裁，拥有上千万资产，而且长相帅气，知识渊博，为人风趣幽默，再加上他事业越做越大，周围自然有很多女人围着他转。经常会有漂亮的女人给他发暧昧短信，甚至有女人直截了当向他表白。然而，刘茵却从来不害怕失去丈夫，反倒是丈夫张俊变得唯恐失去她，这背后究竟有着怎样的故事呢？

大多数女人在丈夫长年不在家，又疏于跟自己联系时，便会感到寂寞、孤独，而刘茵却把自己一个人的生活打理得有声有色。

她一个人在家时，就会安静地看书，有时会流连美味的餐厅，也会在路边咖啡厅静坐良久，看街上的人来人往。

刘茵有许多男性朋友，有企业家、社会名流、文化精英，她经常与这些男性朋友喝茶聊天。这增长了她的见识和智慧。她知道，这些男人有雅致，有情趣，有内涵，就像肥沃的土壤一般滋养着她。

另外，在闲暇时间，刘茵还经常一个人背着包，去很远的地方去旅游。她哪儿都想去，哪儿都敢去。人生地不熟，语言不通，她都不怕！旅行大大增长了她的见识和智慧。

很多人曾问刘茵："你难道不害怕有一天你的男人会被别的女人抢走吗？"她答道："他从来就不是'我的'，他是他自己的。如果他永远能爱我，我当然会高兴。如果有一天，他真的要跟我离婚，我也应该高兴，因为我不会同一个不爱我的人生活在一起。”

一次，有一位漂亮的女人直接向刘茵发起了挑战，那是一个漂亮而时尚的女人：长腿、硕胸、蜂腰，皮肤是那种很健康、时尚的小麦色。她打电话给刘茵说：“我爱上了你的丈夫。”别的女人听到这话可能会气得咬牙切齿，刘茵却笑着说：“谢谢你欣赏我的男人。”当张俊回来时，刘茵却直奔上去，搂着他的脖子说：“老公你太棒了，刚才有个女人打电话来说爱上你了。”她压根儿就没把这件事情当一回事儿。

刘茵和张俊结婚12年了，但是，他们依然恩爱如初。许多女人都羡慕刘茵，说她找到了一个好男人。而刘茵则毫不谦虚地说，是张俊运气好，能娶到她这样的优秀女人。大多数女人结婚是为了找个男人来依附，使自己的人生更完整。而刘茵却说：婚姻的目的并不是找一个能令我完整的男人，而是找一个可以与他分享我的完整的男人。

故事中的刘茵是智慧的，她的婚姻之所以能长久地维持和谐，最主要的原因是她从不把老公当老公看，不认为老公是“我的”，总是以欣赏的眼光去对待对方，同时，在独处的时候也能经营好自己，最终才获得了对方的尊重和爱恋。

生活中，多数夫妻彼此都无法忘记对方是“我的”，认为其一切都是独属于自己的，不可侵犯的。只要对方被别人惦记上，便会与其大吵大闹，最终伤了和气、和谐。事实上，在两性关系中，一旦我们觉得谁属于我们，就很容易失去对他的尊敬和礼貌。随之而来的反应就会是去告诉他，他应该做些什么，应该怎么去生活；更有甚者，会认为对方就应该听从自己的指使。只要你认为你的伴侣为你付出是理所当然的，这样的婚姻都不会长久，因为没有人喜欢被别人控制。

为此，要想使婚姻长久地保持和谐，一定要忘记对方是“我的”，以一颗平常心去对待对方，学会以朋友的眼光去欣赏对方，这是保持长久婚姻的良方。

## 06. 不折磨，不厮爱：结婚前，先“分手”

生活中，很多人的爱情或婚姻出现两人相互折磨、撕扯，都是因为太过在乎和关注对方造成的。因为太过关注对方，就难免会放大对方的缺点。有人说，婚前是与一个人的优点在谈恋爱，而婚后是与一个人的缺点在过日子。于是，矛盾和冲突就会不断发生。

对此，苏岑说：“最良好的夫妻关系，不是火热的激情，也不是温暖的亲情，应该是互相理解的友情状态。这个状态下，双方最容易敞开心扉，这是最舒服的男女相处模式。想要留住男人，妻子要学会做他的好友知己。”所以，真正聪明的人，在结婚前，会趁爱情和激情还未褪去，就会先与爱人“分手”，先扯断与男人之间的夫妻关系，在婚后对爱保持淡定从容的心态，不折磨、不厮爱，努力做男人最贴心的好朋友。

《源氏物语》里的花散里，是一个无背景，无美貌，不娇媚，也并不聪明可爱的平凡女子，却能成为源氏夏宫之主，让源氏宠爱一生，始终与其智慧的爱不无关系。

在当时的源氏六条院中，春之宫中有紫姬，貌若天仙，颇得源氏之意；秋之宫中住着的秋好皇后，乃源氏养女，有很硬的背景；冬之宫中的明石姬，秀美聪慧，并诞有子嗣，颇有威望。与这些“大人物”相比，花散里是再平凡不过的，她年纪稍长，相貌平平，最终却陪源氏走到了最后。

花散里最吸引人的地方就在于其雅静平和，宽容大气，善解人意，不妒忌，不苛求。对于源氏她始终保持淡定从容的态度。在搬进六条院不久，她就主动提出与源氏“分手”的请求，主动要求不与源氏同房。在诸多复杂的情况下，她始终都能保持平和淡然，这让她获得了源氏的关爱和信任，成为源氏身边众多女人中，最值得信赖的人，甚至曾经放心地将两个孩子先后交给花散里抚养。

在后来，源氏经常不经意间就会到夏宫找花散里，两人分榻而卧，彻夜长谈。这里是唯一一个能让源氏无所顾忌地畅所欲言的地方，花散里也是仅仅说说话就能让源氏安心放松的唯一人选。

婚姻是一个人一生最重要的“事业”之一，要经营好这项“事业”，不仅需要耐力、魄力，还需要智力。结婚前，先学着与你的爱人“分手”，扯断那些情侣间因为承诺或责任而引发的累人、伤人的折磨，恢复朋友式的尊重与独立。在始终如一地保持独立“自我”的同时，努力做对方的心灵伴侣，给其灵魂上的抚慰与愉悦，不在复杂的婚姻生活中迷失、沉沦。不苛求完美，默默地用一份沉静的美与安然的平和去守住自己的爱人，牢牢地握住属于自己的幸福。

## 07. 给爱留一条出路：你转身的姿态也可以很优雅

从前有一位书生，因为要进京去赶考，暂时要离开未婚妻。在进京前，他与未婚妻约好等他回来之后，一定与她共结连理。

然而，半年多过去了，书生进京赶考回来了，而他的未婚妻却嫁给了他人。书生深受打击，心中绝望极了，从此便一病不起。

于是，书生的家人四处求医，但病情还是毫无起色。有一天，书生的家门口路过一个僧人，说自己完全可以看好书生的病。书生的家人就让他进了家门。僧人没有直接给书生把脉、开药方，而是从怀中拿出一面镜子给他看。镜子中一片茫茫大海，一名遇害的女子一丝不挂地躺在海滩上面，旁边路过许许多多的人，但是这些人都只是看一眼，便摇摇头，走开了。

一会儿，又路过一个好心人，他将自己的衣服脱下来，将女尸盖上之后便走开了。一会儿，又经过一个人，走过去，便挖了个坑，并小心翼翼地将尸体掩埋了。

书生对此十分地惊愕，那僧人却对书生解释道："那具海滩上的女尸，就是你未婚妻的前世。而你是把衣服脱下来将她的尸体盖上的人，她今生有缘与你相恋，只为还你一个人情。但是，她最终要报答的一生一世的人是前世曾将她掩埋的那个人，那个人就是她现在的丈夫。"

书生随即大悟，从床上坐起，病愈！

这个故事告诉我们，凡事有因有果，如农夫之播种，种豆必然结豆，种瓜必定是结瓜，毫无虚假！面对失去的感情，我们要懂得及时放手并学会优雅地转身，给爱一条出路，以免让痛苦湮没了自己。

其实，给爱留条出路，懂得优雅地放手是对生活的一种豁达的大度，对于抓不住的感情，与其苦苦挣扎，不如及早放手，给别人留下爱的空间，也好让自己有时间去爱另一个值得自己爱的人。

面对老公一而再、再而三的感情背叛，张欣很是痛苦，她跑到路边的墙角，蹲在地上，失声痛哭起来。她默默地抬起头，看着橱窗里倒映的那个女人：肤色黯黄，一束凌乱的头发潦草地扎在脑后面，臃肿的身体"盛"在暗黄色的水桶裙里，脚上穿了一双很随意的白色旧的凉鞋，这些颜色混搭起来，很不美观。

这些年来，她为他操持家务，做饭、洗衣，什么都做得很好，唯独忽略了自己。年轻时的她，本是一个眉清目秀，毫无烟火味，瘦弱腼腆，不染尘埃的淡雅的女子，与当下的她完全是两个不同的模样。她呜咽着，心头像堵了块大石头，觉得自己就是个失败者。此时的她很清楚，她与丈夫的缘分真的走到了尽头，她唯一的出路就是必须要让自己强大起来。

回到家，她打了一盆温热的水，洗净泪痕，化了妆，换了时髦的衣服，完全还是个美人。随后，她又翻开本子，用漂亮的字列出一张新的生活计划表。她从此不再为他朝九晚五煲汤、做饭、洗衣。早上吃包子、喝豆浆，晚上和同事一起做美容、练瑜伽、学化妆，然后在西餐厅吃个饭。周末，她请小时工做家务。她还报了一个平面设计班，又学习素描画。她的生活焕然一新，每天都兴高采烈。他也发现了她的变化，很是鼓励，同时也让自己有了更多的自由和空间。她对他隐忍不发。失败的感情，可以让女人变得丑陋，也可以让女人激发出美来。半年过去了，她的气色好多了，已经能独立设计让自己满意的作品了，素描画也画得让众人称赞，她有点底气了。

在27岁生日那天，她到商场给自己挑了一件薄薄的灰色羊绒衫，一件白色的呢子外套大衣，烫了漂亮的波浪卷发型，化了淡妆，优雅地坐在沙发上。他下班回来，她把离婚协议书签好递给他，提着箱子潇洒地扬长而去。

他措手不及，目瞪口呆。她什么也没带走，除了几件衣服、日用品和一张十多万元的存折。价值几百万的房子、车子，包括那个刚刚升任部门经理的男人，她都放弃了。她容忍不了，如此不信守承诺的男人。随后，她到了一家大型的广告策划公司，从普通员工做起。尽管收入不高，但这是她人生的一个新起点，她有足够的时间和动力去挑战新的工作。熟练的设计、优雅的衣着、卓越的能力，都让她成为一个魅力四射的女人。28岁，她开始慢慢地升职加薪，一直到设计部总监。四年后，32岁的她拥有了自己的一家广告公司。她开始与一位位追求自己的优秀的男士约会，享受爱情带给自己的美好。其中，有一个有留美背景、家道殷实的男士，欣赏自信独立的女人，对她展开了猛烈的追求。他听说了她的前一段婚姻，非常认真地说：如果不爱你了，会直接说明，决不会隐瞒。当然，只要你永远可爱，我对你绝对忠诚。她微笑着点了点头。

她之前是被庇护的，但现在才是被尊重的，这才是真正成熟的爱情。因为她懂得及时放手，才有了如今幸福而快乐的生活。

不可否认，失恋或婚姻破裂，对于任何人来说都是一杯难咽的苦酒，尤其对于情感细腻的女性来说，那种烙在灵魂深处的伤痛有可能会一直伴随着自己整个生命的旅程。但是，你要知道，在爱情的世界里，不是每一朵花都能如期地开放，也并非每一朵花都能结出果实来，对于感情来说，当你爱一个人而得不到回报的时候，在你付出千般努力也无法得到一个许诺的时候，在你因爱而受到伤害的时候，与其苦苦地挣扎，不如坦然面对，优雅地转身，重新找到属于自己的幸福和快乐。

失去的已经失去，人生的道路还很长。失去一段不属于你的恋情，不必遗憾，因为，在你的生命里必定还有更完美的、属于你的爱情在等着你去投入。所以当爱情走远时，你一定要学会优雅地转身！

## 08. 牵手是情，放手也是因为爱

俗话说："令人无法自拔的，除了牙齿，还有爱情。"有的人为爱痴狂，发现对方已经不爱自己了便威逼利诱；有的人分手后仍旧恋恋不舍，对对方满怀期待；有的人则为了早已经名存实亡的爱情做最后的挣扎和挽留；有的人是活在遥远的回忆中无法释怀……不是所有的爱都要拥有。尘世间，有一种爱叫作牵手，也有一种明白叫放手。牵手是情，放手也是爱。

吴淑平的小说《放爱一条生路》中，已婚女人夏小红爱上了莫玄子。如果夏小红的丈夫黄贵福死不放手，他们的爱情也将会在痛苦中煎熬。黄贵福发现他们之间的关系后，夏小红却平静地对他说："我们能否别吵吵闹闹的，好聚好散，没有爱情，也有亲情。既然合不来，为何要在一起相互折磨呢？为何不放爱一条生路呢？"黄贵福整夜都在思考夏小红的这句话，与其守住没有爱情的婚姻，不如放爱一条生路。最后，黄贵福也想通了，放弃了这段婚姻。

人们都说，爱到极限，对方会以你的幸福来衡量自己的快乐。当你发觉你和他在一起不幸福，感到这份爱已经成为彼此的负担的时候，他总会默默地走开。正如阿木所唱的那样："如果两个人的天堂像是温馨的墙，囚禁你的梦想，幸福是否像是一扇铁窗。候鸟失去了南方。如果你对天空向往，渴望一双翅膀，放手让你飞翔……浪漫变成了牵绊，我愿意为你选择孤单。缠绵如果变成了锁链……"

他和她在旅行的火车上相识，他坐在她对面，看着素洁、清雅的她，犹如一幅画。于是，他拿出画笔，开始画她。当他把画稿送给她时，才知道，原来他们在同一个城市。两个月后，他们便坠入爱河。

那年，她成了他的新娘，亦如实现了一个梦想，甜蜜而满足。但是婚后的生活就像划过的火柴，擦亮之后就再没了光亮。他不拘小节，不爱干净，不擅交往，崇尚自由，喜欢无拘束的生活。虽然她乖巧得像只小绵羊，可他仍旧觉得婚姻束缚了他的心灵。但是他们依然相爱，而且他品行正派，从不拈花惹草。

她含泪和他离了婚，但是带走了家里的钥匙。她不再管他蓬乱的头发，不再管他几点休息，不再管他到哪儿去，和谁在一起，只是一如既往地去收拾房间，清理那些垃圾。他也习惯她间断地光临，也比在婚姻中更浪漫地爱她，什么烛光晚餐、远足旅游、玫瑰花床，她都不是在恋爱和婚姻中享受到的，而是在现在。除了大红的结婚证变成了墨绿的离婚证外，他们和夫妻没什么两样。

后来，他终于成为了有名的艺术家，那一尺尺堆高的画稿，变成了一打打花花绿绿的钞票，她帮他经营帮他管理帮他消费。他们就一直那样过着，直到他被确诊为癌症晚期。弥留之际，他拉着她的手问她，为什么会一生无悔地陪着他。她告诉他，爱要比婚姻长得多，婚姻结束了，爱却没有结束，所以她才会守候他一生。

是的，爱比婚姻的长度要长，婚姻结束了，爱还可以继续，爱不在于有无婚姻这个形式，而在于内容。

在感情的世界中，没有对与错；如果不能相爱，只说明你在对的时间遇到了错的人，在错的时间遇到了对的人。所以，如果你不爱一个人，就请给他一条生路，好让别人有机会爱他。如果你爱的人放弃了你，请给自己一条路，好让自己有机会爱别人。有的东西你再喜欢也不是你的，有的东西你再留恋也注定要放弃，人生中有许多种爱，但是别让爱成为一种伤害。

成全对方，也是成全自己。给爱选择一个出口，相信你们还会找到属于自己的幸福。

## 09. 爱情并不与玫瑰为伍，别让自己在爱情中迷失

一位漂亮的女孩与一位穷小子恋爱了几年，女孩总是嫌男孩子太穷，不仅没给她买过一件像样的礼物，就连一束玫瑰花也没买过。为此，男孩也感到很愧疚，只能从平时点滴的生活中对女友体贴呵护。她生病了，他会主动送她到医院，给她打最好的饭菜，帮她洗衣服。两人一同逛街，走累了，男孩就会毫不犹豫地背着女孩，但是女孩并不满足！

后来，这位女孩认识了一位非常有钱的年轻人，这位年轻人用甜言蜜语打动了她的心，为了追求她，每天都给她送一大束的玫瑰花，女孩心花怒放，随即和那个穷小子分了手，与这位年轻人在一起了。但是，女孩和有钱的年轻人在一起后，并未感受到丝毫的幸福，生病了，她打电话过去，他便会说在开会，让她自己上医院；女孩让男人陪自己逛街，他却冷冷地甩下一句话，说自己太忙，没有那种闲情逸致。时间久了，女孩感到很伤心。有一天，她在街上看到一只大狗衔着一只鸟从她面前跑过去，那

只鸟还在奋力挣扎。谁知那只狗跑到水边，看到水中有一条鱼，就将口中的鸟放下，立即到河中去咬鱼；结果鱼游走了，鸟也飞走了。

女孩看了，忍不住笑着说：“你这只狗真傻，已有一只这么好的鸟，居然放弃而去咬鱼，结果鸟和鱼都得不到，真是傻啊!”那只大狗突然回头对她说：“我的傻，只不过让我挨一顿饿；而你的傻，却误了你一生!”

这个故事告诉我们，爱情是实实在在的温暖，甜言蜜语和玫瑰固然浪漫，但却并不代表爱情。

然而，爱情面前，很多女人总是愿意向玫瑰和甜言蜜语低头，她们不愿意相信爱情就是在自己生病时温暖的守候，是失落时一句悉心的安慰，是口渴时主动递上的一杯热茶……要知道，与富足的生活和浪漫的行为相比，女人更需要的是一种稳固和温暖的情感。所以，我们在选择爱情的时候，一定要擦亮自己的眼睛，别为一时的迷失付出过于沉重的代价。

梦露是学校的系花，追求她的男生有很多，这让梦露很自傲，相信自己一定能够找到一位又帅又有钱的男朋友。

安波是梦露的同乡，一直都喜欢梦露，但却始终不敢表白，只是默默地帮他做她能够做的一切事情。

梦露爱慕虚荣，但对自己来自农村的身份很是自卑，于是就在穿着打扮上很是讲究。大一情人节那一天，系里帅气的刘锋用一大束鲜艳欲滴的玫瑰，打动了她的芳心。她喜欢这个嘴巴甜甜的男生，便毫不犹豫地与刘锋展开了恋爱。

刘锋家境很好，总是带给梦露浪漫，带她去吃精美的西餐，去海边冲浪，去许多高档的娱乐场所消费……梦露的虚荣心得到了极大的满足。安波看在眼里，并善意地提醒梦露，刘锋是个花花公子，是不太负责任的男人。但是梦露却丝毫听不进去，还嘲笑安波的看法太土。

半年后，梦露经不住刘锋的种种诱惑，便在外面租了房子。

近一年下来，梦露去医院做了三次人流。每次都是她孤身一人，为此，梦露伤心地流了好多次眼泪。

后来，刘锋正如安波所说，很快就移情别恋了，有了新欢。那天梦露从医院回家，正好看到刘锋与他新交的女友在“熟悉的小巢”里快活。

因为过度沉溺于恋爱，梦露的好几门功课都亮了红灯。情场与学业的失败，让她万念俱灰，为此，她大病了一场。

在医院中，只有安波来看她。梦露羞愧万分，不敢与他对视。

安波握着梦露的手，温柔地说：“你真是个小傻瓜……”

“是的，我真的很傻，我现在才知道什么是可贵的，可是，都晚了……”

“不，玫瑰并不代表爱情，过去也不代表现在，更不代表将来……”

看着安波深情的眼神，听着他温柔的话语，梦露深深地依偎在他的胸前。她蓦然发觉，那温暖的胸膛，足以抵过成千上万的玫瑰和甜言蜜语。

有人说：男人用眼睛恋爱，女人用耳朵恋爱。这话说得一点儿也不假。女人喜欢听男人的甜言蜜语，无论真假，有用与否。而内心淡定的女人在任何时候都懂得什么是真正的爱，懂得自己该选择什么，而愚笨的女人则容易轻信，晕头转向却分不出真假来，最终只会让自己伤痕累累！

所以，在面对爱情的时候，一定要时刻保持冷静，懂得爱惜和善待自己，不要被华而不实的玫瑰和空洞的甜言蜜语所诱惑。要知道，一个会在你生病时为你端茶倒水，痛苦失落时能够给你一个暖暖拥抱的人要比玫瑰珍贵得多。

## 10. 遗憾也是人生的一种体味

作家张小娴说：“爱情和情歌一样，最高的境界是余音袅袅。最凄美的不是报仇雪恨，而是遗憾。最好的爱情，必然有遗憾。那遗憾化为余音袅袅，长留在心中。最凄美的爱，不必呼天抢地，只是相顾无言。”这告诉我们，面对无缘的爱情，与其呼天抢地，不如淡然一笑，让它随风而去，因为遗憾也是人生的一种绝美的体验。

白茹一直在寻找，寻找一个带着香皂般清新气味的男人，他有温暖的笑容，能让冰天雪地于瞬间繁花似锦。这是白茹的一个美丽的梦，为此她一直在等待，等待着那个男人出现。

直到某一天，闲来无事的白茹在一楼家里的阳台上向上看，而二楼的一个男人也在向下望，只一眼，白茹就确定那就是她在等的那个人。于是，白茹便开始了自己一个人的爱情故事……

曾经不知道多少次甜蜜地跟踪，哪怕只是远远地看着，对白茹来说也是天大的幸福。她还曾经在夜晚偷偷地跑到对面楼道，拿着望远镜，窥视他的生活。为此，她知道了他工作的公司、常去吃饭的饭馆……

在别人看来，那样卑微的暗恋有着太多的苦涩，但对于白茹来说，那却似浓香的咖啡一般，每天哪怕看他一眼也是可以让她回味许久的！

但有一天，白茹在楼下，看见一个漂亮的女孩子提着包进了他的家。白茹心里顿时有点孤独和落寞。终于在某一天，白茹在楼下远远地看到他挽着那个女人的手时，她顿时明白了他们之间的距离永远只能在一楼，遥望和想念二楼的他。

一楼，二楼，永远！

从此之后，她只能在楼下仰望他牵着那个女孩的手幸福的样子，每当这个时候，白茹的心反而释怀了，她想既然知道他是幸福的，自己何不卸下想念，学着放弃！反而是当初的那份甜蜜的怀念，在她心中留下了亘久的回味。

爱情有时候留些遗憾，才能在心中留下永久的回味，才能越发美丽。智慧的人要懂得，人生就是一次不圆满的旅行，有时候，错过也会成为生命中的一道亮丽的风景线。

其实，最好的爱情，必然会留有遗憾。人们常说残缺是种美，而爱情似乎完美地验证了这一理论。人们总是怀念已经失去的，或未曾得到的，爱情，亦是如此。失望，有时候也是一种令人回味无穷的幸福。

宋代著名词人陆游的原配夫人是同郡唐氏士族的一个大家闺秀，结婚以后，他们“伉俪相得”、“琴瑟甚和”，是一对情投意合的恩爱夫妻。不料，作为婚姻包办人之一的陆母却对儿媳产生了厌恶感，逼迫陆游休了唐氏。在陆游百般劝谏、哀求而无效的情况下，二人终于被迫分离，唐氏改嫁“同郡宗子”赵士程，彼此之间也就音讯全无了。

相传有一日，陆游去游览沈园，正巧遇到唐婉夫妇也在园中。双方很尴尬。唐婉的丈夫知道他们两人情缘未了，就主动为他们安排一个单独谈话的机会，便说：“你表兄来了，你们是亲戚，何不去聚聚呢?”于是，唐婉就带了一个丫鬟，还有一壶酒向陆游走了过来。双方各说分别后的事，知道今生缘分已尽，再无复合的机会，说不尽的伤心。唐婉亲手向陆游敬了一杯酒。陆游饮后，怀着遗憾和悲切的心情在沈园题写了那首流传千古的《钗头凤》。原诗内容为：

红酥手，黄藤酒，满城春色宫墙柳。东风恶，欢情薄，一怀愁绪，几年离索。错，错，错！

春如旧，人空瘦，泪痕红邑鲛绡透。桃花落，闲池阁。山盟虽在，锦书难托。莫，莫，莫！

后来，唐婉看到这首词后，又回写了一首。内容为：

世情薄，人情恶。雨送黄昏花易落。晓风干，泪痕残。欲笺心事，独语斜阑。难，难，难！

人成各，今非昨。病魂常似秋千索。角声寒，夜阑珊。怕人寻问，咽泪装欢。瞒，瞒，瞒！

陆游和唐婉的爱情正因为有了遗憾，才激发了他们各自心中的才情，才有了流传千古的绝美的诗句，也才能让其在历史的天空中荡着久远的韵味，供后人品评、揣摩。所以，遗憾的爱情也能产生一种美，而且这种美久远、亘古。所以，不必对得不到或逝去的爱情耿耿于怀，要知道，你这次的错过也许是下次邂逅的开始，错过并不意味着失去，而是意味着更完美的开始。

# 第六章

# 人之所以会不甘心，是因为不能彻悟

## ——相濡以沫，不如相忘于江湖

一些人之所以会被情所困，在感情中挣扎、痛苦，是因为看不透、想不开，不能彻悟。他们看不透感情的本质，同时，他们不明白，感情只是人生历程中的一个小结点，当一段美好的感情成为彼此的束缚，成为痛苦的时候，与其苦苦坚守，不如放手。要知道，相濡以沫，不如相忘于江湖，两人在一起苦苦相互折磨，不如放开彼此，给爱一条出路，这样才能让这段感情成为生命中一种美好的回忆。

### 01. 挥别错的，才能和对的相遇

有“婚纱女王”之称的 Vera Wang 在 63 岁时与她的丈夫离婚了，这个让无数怀揣着美好婚姻梦想的少女披上嫁纱的女人，曾经被人誉为是“白头偕老、幸福生活”的代名词，如今她却选择了离婚，这无异让很多女人有些失落。但是，这个 63 岁女人的举动，让人更加相信爱情了，因为她曾说：“没有爱意维持的婚姻，才是对婚姻最大的亵渎。一段错误的婚姻，永远不会结束得太晚。只有挥别错的，才能和对的相遇!”

Vera Wang 的话颇有意味，表现了一个内心强大的女人对生命的最大

敬意。的确，结束一段没有爱意的婚姻，是对爱情乃至漫长人生最大的尊重。离婚后，Vera Wang 依然是“婚纱女王”，因为一个真正懂爱的人才能设计出更好的婚纱。

的确，当两人的缘分走到了尽头，与其死撑着苦苦折磨，不如及早放手，只有挥别错的，才能和对的相遇。

年少时，她就喜欢他。他们住在同一个小区的同一栋楼，他在 18 楼，她在 17 楼。她总是傻傻地站在阳台上，昂着头，希望他能出现在自己的视线里。偶尔看到，哪怕是他的影子，她都会兴奋得手舞足蹈。

有时，看到他在院子里玩耍，她便会借故下楼，黏着他、追着他。那时，他是个毛头小子，她是个人人都讨厌的丑小鸭：皮肤黝黑，稀疏、发黄的头发总是毛毛糙糙。对于她的主动示好，他总是很不屑。院里的樱花开了又落，可她的心始终如竹子一般，一直青着。她把家里的玩具全部拿出来给他玩，他会把它们都狠狠地摔在地上，还与其他的孩子一起欺侮她。但她毫不放在心上，仍然跟屁虫似的缠着他，冲他笑。

他考上了市里最好的高中，篮球打得也好，是众人眼中的骄傲。她长得不漂亮，学习也不好，在一所普通中学就读。她把心思都用来讨好他。她在学校省吃俭用，攒下一笔零用钱给他买各种学习用品和参考书。他的父亲生病，她就跑到楼上去照顾，端茶倒水，聊天说笑。那时，她就期望有一天可以成为他的妻子。

他对她做的所有的一切都不放在眼里，因为骨子里，他就看不起她。他的志向在远方，他愤怒地赶她出家门，大声地向她叫喊：我永远都不会喜欢你。

那金子般的热泪，顺着脸颊落下，狠狠地砸在地上。从此，她再也没有找过他。

后来，他考上了大学，顺利地毕业，留在了京城，娶了漂亮的女人，生了可爱的儿子，他觉得这才是他要的人生。几年后，因为工作调动，妻子忍受不了两地分居的寂寞，终于离开了他。恍惚间，20 年岁月就那样过去了。或许，谁都会以为，当年的那个丑小鸭，和他再也没有任何瓜葛了。一个是一家知名外企的高层管理，一个是嫁给他人的丑陋的妇人。一个人寂寞时，他便会想起年少时的荒唐，那些粗暴的行为，一定把她的心伤得很透。

偶然的一次机会，他在一家大型商场买东西时，远远地看到一个漂亮的女人冲他笑，走上来和他打招呼。他莫名地惊诧，原来是她。她已不是当年的丑小鸭，温婉、知性，浑身散发着都市自信女人的气质。是的，她并没有成为别人的丑陋的妇人。当年的羞耻，让她发愤图强，使她发誓总有一天要以一个高傲的姿态出现在他的面前。

他激发了她身上巨大的能量。他在京城工作的时候，她也考上了这里的一所著名大学；他在外企工作的时候，她在一所中学做老师；他被调往另一座城市的时候，她又通过进修，考上了研究生；他重回京城时，她已经在一家研究所工作。如今，她已经和他在同一条起跑线上了，如今她嫁了一个华裔商人，过得幸福而快乐。她的眼光落在他沧桑、疲倦的脸上，那一瞬间，她突然明白，他已经不是自己曾经深爱的他了。现在，她的心中，装满了许多幸福而美好的东西。

看着他远去且有些佝偻的身影，她在心里对他说：冷漠的爱人，谢谢你曾经看轻我，让我如此奋发，成为今日最好的自己！

有位哲人说，藤蔓可以选择一棵大树共同生存，但不是每棵树都是适合自己的，有的树已经蛀虫累累，有的树已不再生长，有的人费劲地想把你甩掉，你又何必那么“不离不弃”呢？在爱情的道路上，唯有勇于挥别错的，才能和对的相遇。

要知道，生活不是舞台剧，不是足够苦情，没有底线一度隐忍，最终可以柳暗花明、比翼双飞。不是每个浪子都会回头，不是每个爱你的人都适合你。你曾经一个人窝在角落流泪，你内心如刀割面上装作云淡风轻，你觉得自己好伟大，自己为爱情付出了那么多，为何还是挽留不住他？你的钥匙打不开门，也许不是钥匙的问题，而是你开错锁了。

你觉得自己不幸福、不快乐，只不过是不愿舍弃一个错误的人，其实，与其让一个错误的人来折磨自己，不如勇敢地舍弃，让自己去迎接对的那一个。

## 02. 相濡以沫，不如相忘于江湖

人生最痛苦和纠结的莫过于忘情！古人说："无情何必生斯世，有好终须累此身。"有感情就会有烦恼，有烦恼就有是非，有是非就会有痛苦。人因情受苦，所以做到忘情就难了。

《庄子·大宗师》中说："相濡以沫，不如相忘于江湖。"两个人如果靠痛苦来维系感情，那么，还不如放手来得轻松。这并非是无情，而是人生的一种大智慧，是无偏无私的大情。

一条河中的水干涸后，两条鱼因为未及时离开，被困在陆地上的小洼中。它们朝夕相处，动弹不得，互相以口中的唾沫来滋润对方，忍受着对方的吹气，忍受着一转身便擦到各自身体的痛楚。此时，两条鱼便开始缅怀昔日它们在江河中各自独享自由快乐的生活。虽然这种方式是感人，但却是没有任何意义的。与其一起死掉，还不如愉快地跳进大江大湖中，即便是彼此间形同陌路，也要比当前的情况好上百倍。

两条鱼的感情很动人，然而对于它们来说，最好的情况却不是用死亡来相互表达忠诚与友爱，而是自由快乐地遨游在大江大湖中，哪怕彼此之间谁都不认识谁。这是一种极为坦荡、淡泊的人生境界。大自然的爱是无限的，所以，对于情感，人应该相忘于自然，就如同两条相濡以沫的鱼相忘于江湖一般。

能够在痛苦的折磨中相忘的鱼，是快乐的。能够摆脱世间感情束缚的人，是没有烦恼的。正如一句古话：“鱼得水逝而相忘乎水，鸟乘风飞而不知有风，识此可以超物累可以乐天机。”人生在世，都会受到外物所累而使自己陷入苦恼之中，却极少有人能够超然物外，学会放手，这样才能让人生获得真正的自由和乐趣。

慧仪和张超结婚近十年，刚开始他们的婚姻是甜蜜而幸福的。三年后，他们的第一个孩子出生，张超开始每天早出晚归，说是为了生意交际应酬。慧仪体谅丈夫在外工作辛苦，并无怨言。

第二个孩子出生了，张超更是经常晚归，甚至在外过夜。慧仪希望他能多一些时间陪她和孩子，而张超总是以事业为借口，依然我行我素。

结婚八年，慧仪终于忍无可忍地对张超下达最后通牒。她说：“结婚近十年了，你为这个家付出了什么？为我做了什么？”而张超则会醉醺醺地说：“我每天辛苦赚钱给你们，为了生活打拼，这些还不够吗？”

慧仪说：“你认为这样就够了吗？一个女人要的就只是这样吗？”他不满地表示：“不然你还要什么？让你不愁吃穿，生活无忧，天天待在家里，想做什么就做什么。有几个女人比你过得好？”

慧仪痛心地说：“结婚这些年来，你根本看不到我的付出，看不到我的苦。你不知道为何你的孩子忽然间长大懂事，你把一切看成是那么的自然。”

他不满地表示：“我没付出？没照顾你？给你钱花的是谁？孩子会长大不是我辛苦赚钱抚养的吗！”妻子漠然无语，她知道这一刻该觉醒了。

终于，慧仪提出离婚，无条件地离婚，不要小孩不要钱，只想离开这个浪费她生命的男人，让她不快乐的男人。她曾无数次地做过努力，想让丈夫的心能回到家中来，但最终她明白，这个男人不懂得去爱护自己的妻子。他需要女人，仅仅是因为他缺少一个保姆，一个需要为他传宗接代的工具。

慧仪在离开张超后，嫁给一个老外，如今的她过得很幸福。

面对无爱的婚姻，与其苦苦死守，相濡以沫般地相互折磨，不如淡然分开，相忘于江湖，还彼此一条出路。这样才能让自己以后的时光变得轻松快乐，才能让这段感情成为生命中一个美好的回忆。

对于痛苦的感情，勇于放弃体现的不仅仅是一个人的修养，还是一种对生命和人生负责的态度！学会放弃，让彼此都有个更好更轻松的开始，遍体鳞伤的爱并不一定就刻骨铭心！

## 03. 不必苦苦挽留一个变了心的人

哲人说："所谓放下，并不是真的输了，而是懂得痛了。"生活中，很多人之所以选择放下，是因为觉悟到"不值得拥有"。比如放下一段逝去的爱情，放弃一个对自己变了心的爱人，忘记一个不值得的友人等。其实，对于抓不住的爱，与其丧失尊严地苦苦挽留，不如学会果断放手。

一个男孩和女孩多次提出分手，女孩总是苦苦挽留。到最终，两人还是免不了分手的结局。女孩很是伤心难过，情绪极度抑郁。周围的朋友见她天天萎靡不振的样子，都来劝她，但她丝毫听不进去。

一天，她的一位好朋友问她说："你都分手了，为何还如此伤心难过呢?"

女孩皱着眉头，一脸委屈地说："我还爱着他，可他已经不爱我了！"

朋友说："如此这样，你应该感到高兴才对啊！"

女孩不解。朋友说："你和他分手，他失去的是一个爱他的人，而自己失去的只是一个不爱自己的人。他的损失比你可大多了！"

女孩顿悟，心情有所好转。

是的，对于一个不爱自己的人，与其苦苦挽留，不如果断放手。就像故事中所说，对方失去的是一个爱他的人，而自己失去的只是一个不爱自己的人。

要知道，情是无价的，太过廉价的情已经变了味。对人对事你可以放宽底线，但不允许践踏底线。为爱可以放弃所有，唯独不能放弃自尊。友情也好，爱情也罢，真心对你的人，会把你牵挂在心，绝不会因为忙碌而忽略或放弃。真正在乎你的人，会把你捧在手心，绝不会忽冷忽热让你去猜测。所以，无论如何都不要拿尊严去作践自己，与其哀求苦留，不如果断放手。

一位哲人说，人很多时候放下，并不是真的输了，而是懂得痛了。对于满心关怀换来的却是冷漠地回应的爱人，要学会放手。要知道，爱与被爱不一定成正比，你越是想握住就越是容易失去。感情的世界是“乘法”，如果双方中有一方的爱为零，那么结果则会为零。所以，我们无须苛求，而应学会优雅地转身放手。

薄暮时分，一位中年妇女在公园的紫藤花长廊中，握着手机不停地哭诉：“事到如今，我还能怎么样，看在孩子的份儿上，我只能忍了。但是，没想到他仍旧如此无情，我现在连死的心都有……”接着又开始不停地抱怨那个男人是如何的无情，她这几年又是如何的辛劳。

原来，她的丈夫有了外遇，被她发现后，便与其大吵大闹。先是跟老公一场大战把家里砸了个乱七八糟，本来还有点愧疚之心的老公再也无法容忍，干脆跑到外面住！这下她却像疯了似的，跑到老公单位大喊大闹。回到家还是不解气，跑到老公情人的家里，上门便将人家痛打一通！

老公彻底绝望了，便对女人说：“咱离婚吧，财产全归你。只求你，别闹了！”

她又开始失声痛哭：“我闹来闹去也是为了让你回来，你为何执迷不悟！”

老公只是说：“你都闹到这种地步，我们以后还怎么在一个屋檐下生活？我原本是想回家来的，可你给我留了回家的路吗？”

女人听罢，顿时无语，欲哭无泪，不知如何是好。

我们在任何时候都要学会善待自己，不要为爱而丧失了自我，失掉了自己该有的优雅与尊严。要明白，只有学会爱自己，才能受到他人的珍爱。能与相爱的人相守一辈子，固然很好，但如果真有不爱的一天，就该果断放手，不必浪费时间去恨他，去和他争，和他吵。一生如此短暂，只有放下伤痛，好好地珍爱自己，想办法让自己活得幸福和快乐，才是对对方最好的“答复”。

## 04. 得不到你所爱的，就爱你所得到的

人生的际遇很是奇妙，不是相遇得太早，就是相逢得太晚。不是冲动在制造伤害，就是时间在创造遗憾。其实，与其为了得不到的东西而苦苦追寻，不如珍惜你所得到的。

有这样一个故事：

静和强是一个单位的员工，从见强的第一眼起，静就爱上了这个帅气的大男孩。而强却不爱她，只喜欢梅。梅是个标准的大美人儿，眼光可高了，尽管强总是缠着梅，但却得不到她一丝的欢心。后来，梅嫁给了一个归海，强彻底地绝望了。

一天晚上，静约强出来散步，婉约羞涩地向他表白了。强被这突如其来的爱情震惊了。但是，强知道，自己内心不喜欢静，为了不给对方造成伤害，就拒绝了她。强对静说，他爱的女人不爱他，他谁也不爱了，心已死，现在不想谈朋友，让静以后不要再来找他。

静哭了一晚，上班的时候也流泪，同事都感到莫名其妙，问她原因，她也不说。几天下来，静仍旧不停地哭泣。强终于开始心软了，终于答应

接受她。

强和静的恋爱一点也不浪漫。他们没有看过一场电影，没在外边吃过一顿饭，强因为心中装着梅，对静很是漠然。即便是这样，静也愿意和强交往，她给强洗衣服，做他爱吃的饭菜。强生病了，她无微不至地照顾他。

后来，强就和静结婚了。但是强依然对静不体贴，家务活儿都是静一个人承担。一天，静在买菜回来的路上，被一辆大卡车夺走了生命。等强带着孩子赶到现场的时候，静已经永远地闭上了双眼。

此时的强悲痛欲绝，他将死去的妻子深深地拥入怀中。回想起静的辛苦，回想起静的好，泪水一滴滴地落在静苍白而又瘦削的脸颊上面。

清明时分，强来给静扫墓，跪在静的坟前，哭红了双眼，抚摸着妻子的墓碑说道：“亲爱的老婆，你知道吗？直到今天我才知道我是多么地爱你。我爱你，真的很爱，但我却永远也尽不了一个丈夫的义务了。过去我总是冷落你，现在想想自己真的是个混蛋。下辈子请让我好好地照顾你，爱你一辈子，好吗?”可是静再也听不到了。

人总是这样，当我们失去的时候，才真正懂得曾经拥有的东西是多么的珍贵；总是想着自己未得到的，而忽略了自己所拥有的。

所以，当我们不能得到自己所爱的时候，我们应该努力去爱我们所得到的，不能因为执着于那些未得到的东西，将自己那些已经拥有的美好东西也丢弃了。

结婚后，她一直给他做洋葱吃：洋葱肉丝、洋葱焖鱼、香菇洋葱丝汤、洋葱蛋盒子……因为她第一次去他家，他母亲拉了她的手，和善地告诉她——虽然他从不挑食，但从小最爱吃的是洋葱。

她是图书管理员，有足够的时间去费心思做一款香浓的洋葱配菜，但他却总是淡淡的。母亲为他守寡近20年，他疯狂爱着的女子母亲却不喜欢，他选择她与其说爱，不如说是对自己孝心的成全。

她似乎并没有什么察觉，百合花一样安静地操持着家，对母亲的照顾比他还上心，妥帖周到。婚后的第四年，他们有了一个乖巧可爱的女儿。

平静的日子一日日复印机一般地掠过，再伤人的折磨也钝了。当初流泪流血的心也一日日地结了痂，只是那伤痕还在，隐隐地，有时半夜醒来还在那里突突地跳。

那天他去北京开学术研讨会，与初恋情人小玉相遇，死去的情爱电石火花般啪啪苏醒。相拥长城，执手故宫，年少的激情重新点燃了一对不再年轻的苦情人。

小玉保养得圆润优雅，比青涩年少时更多丰韵，一双手的手指玉葱般光滑细嫩。在香山脚下他给她买了当年她爱吃的烤地瓜。她娇嗔地让他给剥开喂到她的嘴里，因为她的手怕烫。七天很快过完，他回家，记得她娇艳如花的巧笑，记得她喜欢用银匙子喝咖啡，记得她喜欢吃一道他从没吃过的甜点提拉米苏。

母亲已经故去，他不想太苛待自己了，每年他都以开会或者公差的名义去北京。妻子单位组织旅游的时候，他还甚至让小玉来过自己的家。他的手机中也曾经爆满火热滚烫的情话，甚至他们的合影曾经被他忘在脱下的上衣口袋里，放了一个多星期……可这一切都幸运地没有被妻子发觉。

平地起风云，妻子突然被查出得了卵巢癌，已经是晚期了。住进医院后，女儿上学需要照顾三餐，成堆的衣服需要清洗，家里乱成一团糟。那次他在家翻找菜谱时，在抽屉里发现了一个带扣的硬壳本子。打开，里面竟然有几根炫红的长发。妻子一向是贴耳短发，自结婚以后。他好奇地看下去，原来这是他和小玉缠绵后留下的，还有那些相片，妻子一直都知道，因为从来没让他的脏衣服过夜。他背着妻子做的一切，妻子都心如明镜，却故作不见。几乎每页纸上都写着这么一句话：相信他心里是爱着我的。后面是大大的几个叹号。

他心里一片空茫地去医院，握住妻子磨粗的手，问她想吃什么。妻子笑着说：你会做什么菜，去给我买一份鸭血粉丝汤吧。她每天做好了他爱吃的洋葱，熨好了他第二天穿的衬衣，在家等他，二十多年了，他却从来不知道在南方长大的她最爱吃鸭血粉丝汤。

妻子走后，他掉了魂一样地站在厨房里为自己做一道洋葱肉丝。他遵照她的嘱咐将洋葱放在水里，然后一片片剥开，眼睛还是辣得直流泪。当他准备在案板上切成细丝时眼睛已经睁不开，热泪长流。他从来不知道那样香浓的洋葱汤，做的过程这么艰难苦涩。七千多个日子，妻子就这样忍着辣为自己做一份份洋葱丝，只因为他从小就喜欢吃。

而小玉那双保养得珠圆玉润的手，只肯到西餐店拿匙子吃一份提拉米苏。而当年母亲是怎样洞若观火了妻子能给予他安宁和幸福。傍晚时分，一个站在九楼厨房里的男人拿着一瓣洋葱流泪发呆，他终于知道真正的爱情就像洋葱，一片一片剥下去，总会有一片能让你泪流满面……

生活中，我们活得不幸福，是因为我们不懂得珍惜当下我们所拥有的。我们总是将眼光放在失去的东西上，而忽视我们当下所拥有的，殊不知，你现在所拥有的东西才是你能够真正把握的，只有认真地爱你所拥有的，才能感受到真正的幸福。

## 05. 别为爱情下赌注：有多少爱可以重来

爱情的不顺也是生活中人们产生负面情绪的主要原因。生活中，许多人与另一半发生了矛盾或摩擦，就会赌气，然后做出让自己后悔的事情来。尤其是女性，在气头上时，经常为爱情下赌注：这日子真的没法过了，这次一定要离开他；到大街上找谁都不会再回头找你了……人在气愤时，思维都是欠理智和清醒的，最终会做出让自己遗恨终生的事情来。

要知道，人生是一场单行票，没有多少爱可以重来。我们在气愤时，千万不要拿爱情做赌注，否则，你可能会为此痛苦一生。

在外企工作的香香长相甜美，工作能力强，但就是感情不如意。今年32岁的她，与老公经常会因为鸡毛蒜皮的小事吵架。

一次，香香又因为晚上谁做饭的问题与老公吵了起来。原来，香香因为工作原因时常加班，晚归也是经常的事。所以，每天都是老公下了班主动买菜做饭。这天，因为老公临时有事，所以回家晚，没做饭。为此，香香晚上回到家便大发雷霆，觉得老公不体谅自己，老公也满心委屈，就与她吵了起来。

在气愤之余，香香说："你觉得日子过不下去，那就离婚吧！"老公听了，不由得惊了一下，但为了挽回尊严，随口就答应了。

离婚后的日子，香香获得了自由，过得很潇洒，但不久，就觉得自己寂寞难耐。后来，她就被家人安排了几次相亲，都未遇到自己满意的。为此，妈妈语重心长地跟她说，这个世界上所谓的爱情都是培养出来的，只要人家喜欢你，你又不十分讨厌他，就该试着去交往。

于是，恨嫁的香香真的去尝试了，开始频繁相亲，只要对方对她表示出喜欢，而且条件尚可，她就会尝试着去与他交往。

其中一个男孩，长得高大俊朗，在一家金融机构做高管，收入不菲，而且还聪明上进，学历工作都不错，最为重要的是对方很喜欢她，百般讨她欢心。于是，在明知道自己对他没有任何男女之间最基本的吸引力的情况下，香香还是试着和他交往了。其中原因，妈妈的教诲占了三成，自己的虚荣心占了七成。半年后，因为来自双方父母的压力，两人终于步入婚姻殿堂。

可是婚后，香香发现了一个很重要的问题：自己的身体，没办法接受他。他们聊天聊得很开心，牵手走在路上也很开心。但是，每当男方吻她，她就会感到恶心，即便是被动接受，事后还是觉得一点都不美好。香香很快发现，自己从内心来说，根本就不爱他。

随即，香香感到越来越后悔，她觉得自己内心最爱的人是前任老公，当初不该为了赌一口气就愤然离开，与一个根本不爱的男人在一起。因为不爱，所以他的很多小细节，比如吃饭时发出声音，比如吻她的样子，都让香香厌恶到无以复加。还未到半年，香香便果断提出了离婚的请求，双方都陷入痛苦之中。

经历了一次短暂婚姻的香香终于明白，爱情是婚姻最基本的元素，如果男女之间连最起码的化学反应和异性间的相互吸引都没有的话，对方再爱自己，外在条件再好，再被人看好的婚姻，都将是一种痛苦的折磨。

爱是一种化学反应，是身、心、灵的合一，在这个世界上，真正能找到自己爱，也爱自己的人确实不容易，所以，如果你找到了就千万不要轻易放弃，更别因为一时的赌气，而让幸福溜走，让自己遗恨终生。

## 06. 不强求：感情是勉强不来的

爱与被爱，都是让人幸福的事情，不要让这些变成痛苦。对不爱自己的人，最需要的是理解、放弃和祝福，明白的人懂得放弃。

每个人都渴望拥有十分美好的爱情，其实，爱情很多时候是让人费解的，与自己爱的人在一起，不需要什么理由。爱上一个人，我们其实是爱上一种感觉，只有他才能给的感觉。而不爱一个人，就是因为没感觉，不爱就是不爱，就算给对方再多，也勉强不了对方的心！

婷是一个长得很标致的女孩子，凡是见过她的人，都被她的容貌所吸引。因为长得漂亮，所以很多男孩都不敢轻易追求她，他们都认为自己配不上她。

但是，有一个男孩子大胆地向婷发出约会邀请。婷准时赴约，因为她想给对方面子，不想伤害对方。

这位男孩对婷说道：“你嫁给我吧，我一定会让你幸福一生的。”

婷心里并不喜欢这个男孩子，想了想，就微笑着对对方说：“你有别墅吗?”

“没有。”男孩惭愧地答道。

“你有轿车吗?”女孩又一次问道。

“没有。”男孩子低下了头，低声说。

“你有让我一辈子都无忧无虑的存款吗?”

“没有。”男孩摇了摇头，惭愧地离开了。

从此之后，这位男孩奋力拼搏，为了能配得上婷。经过几年的打拼，他终于有了自己的公司和别墅，也有了巨额的存款。当他兴冲冲地再次找到婷时，婷的身边已经有了另一个陪伴她的男人，这位男人只是一个普通的职员。男孩对婷说：“你现在可以跟我走了，我可以给你豪华的别墅。”

婷却对他说：“我住在别墅里会很寂寞!”

男孩又说：“我给你配备豪华小车!”

“那样我会失去步行走路锻炼身体的机会。”婷说。

“我给你一笔巨款，你想怎么花就怎么花!”男孩干脆这样说道。

“如果我有太多的钱，我会感到不安的……”

男孩终于彻底失望了，说：“这几年我的努力白费了，我拥有这些有什么用呢?”而婷却淡然地对他说：“你拥有了这一切，还害怕找不到自己喜欢的女孩子吗?”

男孩子终于明白了，爱是无法强求的。

爱情是一种奇妙的东西，只要缘分来了，感觉对了，不需要任何的理由。如果没缘分，没感觉，再强求也是白费力气。为此，对待爱情，我们切不可过分地强求，一切顺势而为，随性随缘，才能让爱情之花美丽而长久。

## 07．有些爱与幸福的距离，永远不可跨越

有人说，爱情就像是摘果子，摘得太早，果子还没有成熟，又苦又涩，难以下咽；摘得太晚，果子已经完全熟透，要么滑落枝头，要么已被他人占先。在恰当的时候采摘水果，既是一种智慧，也是一种缘分。这告诉我们，爱情和婚姻都是讲求时机的，来得太早，会让人生徒留遗憾，来得太晚，会让人痛苦万分。但是也要明白，即便感情来得再晚，也要懂得自重、自爱，有些爱的距离，是永远不可以跨越的。

在婚姻和爱情中，有些距离永远不可跨越，不被世俗认可的爱，就像木头、水和火的关系，这样的爱情是很难获得幸福和快乐的。如果你强行去追逐，有可能会付出惨重的代价。

一根木头孤零零地在水上漂浮着，顺着一条没有尽头的河，任意地漂着、漂着……就这样，水便渐渐地喜欢上了木头，木头却不爱水，不爱水的木头却一直依附着水，水一直拥着木头，却永远得不到木头的心。

水说：听见我的心跳了吗？

木头说：没有，因为你把我拥得太紧了。

水说：难道你没有在我心里？

木头无语。

厌倦了没有尽头的漂浮，木头渴望上岸，水无奈，满足了木头，一个急转弯处，木头脱离了水。从此岸边多了一根孤零零的木头。

木头孤独地守望。守望什么？水依旧匆匆忙忙。奔向何方？水，呼唤木头，木头还是那根岸上的木头，不再随水漂流。

孤独的木头不再孤独。一团火在木头的身边燃起。舞动的火苗，是体态婀娜的舞者，木头欣悦。孤独的世界，流水的岸边，它们相爱了。木头

渴望火像水一样拥着它。

木头说：火，我爱你！抱我。

突然来了一阵“阴风”。

火紧紧地拥住了木头，它终于可以与心爱的木头相拥了。火狂放地舞动着：我也爱你，我的木头！

木头笑了，幸福也笑了。终于，木头微笑着在火中燃尽。火看着渐渐成了灰烬的木头，火哭了，用眼泪熄灭了自己……熄灭的火，一堆黑灰的木头。

下雨了，那是水的眼泪。水的眼泪将化为黑灰的木头冲进了河中。水拥着木头继续快乐地漂浮着。木头永远地沉睡在了水的怀抱之中。

可怜的木头，可怜的火，执着的水！

在生活中，我们为了一时的幸福与欢愉，付出的却是粉身碎骨的代价。其实，真正的幸福是平平安安地与对方相守到老，不是跨越距离时那一刹那的欢愉！

## 08. 爱是相互理解与尊重

许多人以为，两个人熟悉得像亲人就没爱情了。其实爱到平淡，才是一生的开始。浓烈的爱往往是流动的，爱你也会爱别人。所以重要的不是爱上你，而是只爱你一个。重要的不是爱有多深，而是能爱到底。找人恋爱很容易，难的是一辈子。所以请记住这句话：爱到亲人，才是开始！

真正的爱，是心灵与心灵间的相知，它无须过多的甜言蜜语来修饰，所以不必挖空心思地讨好对方；真正相爱的人，会毫不计较地为感情付出，唯一期盼的只是对对方的疼惜；真正相爱的人，会处处牵挂着对方，给对方最温暖的体贴；真正相爱的人，一个动作、一个眼神，都能让人心领神会，那一份相知的默契胜却一切物质所带来的欢悦。真正的爱情是不累的，即便是一味地付出，也是极为甜蜜的。

有一位男子邀请了几位朋友到家中来做客，男子不停地抽着烟。他的妻子便轻轻地打开了窗户，没有一句怨言。有一位朋友就悄悄地问他的妻子说："你怎么不阻止他抽烟呢，抽烟对身体有害啊！"

妻子听罢，笑了笑，说道："对他来说，抽烟是极为快乐的，如果他能活到100岁，我宁愿他只活到80岁，而不愿意他不快乐地多活20年。"

这话被那位男人知道了，他便毫不犹豫地戒掉了烟。周围的朋友问他为何这么快就戒掉了烟，他说道："我有这么好的老婆，我为什么要选择少活20年呢！"

这便是真爱！它能让人体会到甜蜜的感动和舒心的理解与宽容！它是一种平等的相处，一种自然情感的延续，它需要相互间的理解与尊重。

我们之所以认为感情太累，是因为一开始便走入了爱情的误区，想当然地认为拥有对方的关爱是理所当然的，所以，对对方的任何行为不再感动，更不会以同样的关爱去回报对方。

爱，不是等价交换，它没有公平的筹码，但它却宛如一架天平，只要两端的砝码不等，就会倾斜，两边差距太大时，就会失去重心。

有人在爱情或婚姻的围城中，过得很累，筋疲力尽，但因为责任与道义感的存在，依然坚守着。殊不知，美满的婚姻是需要经营的，只要善于经营，便能收获幸福。不善经营，得到的只是苦涩的青果。

爱，也是一种美丽却易逝的昙花，只有用心浇灌，最后才能开花结果。刘若英在《后来》中这样唱道："有些人，一旦错过就不再。"我们得到对方时不懂得珍惜，直到失去对方后方才知其宝贵。所以，如果得到了对方，就要学会珍惜，如此才能真正地体会到幸福！

真正爱一个人，是会无私地付出的。只要我们真心对待，就会无怨无悔。人一生的真爱就像一串珠子一样，断了一处，珠子便会依次地掉落满地。只需要细心地呵护，珠子便会灿烂发光；漫不经心，珠子便会散落于无形。就犹如故事中讲到的男子一般，如果他不用心去领会妻子的爱意，是不会戒掉自己所钟爱的烟的。

爱，需要懂得，懂得关心，懂得体贴，懂得一切是爱应该付出的所有。唯有懂得，爱才能够情意绵绵；唯有懂得，爱才能够更加温馨无限；只有懂得，爱才能够历久弥新！

## 09. 选择合适的，而不是最好的

婚姻就像一双鞋，合不合适、舒不舒服只有脚知道。选择鞋时千万不要光在乎它好不好看、材质如何，更要看它合不合脚、称不称心，就算是双朴实的布鞋，只要它能让你的脚感到畅快，只要能让你一直走下去也不会痛，那它就是一双合适你的鞋，就是一双好鞋。婚姻也是如此，不要光看外在的容颜和物质的繁华，要看是不是心灵相通，是不是可以相伴到老，是不是可以相互扶持。千万不要因为一双鞋的外表委屈了自己的脚，脚永远比鞋重要。婚姻也是如此！

在现实生活中，幸福的婚姻是没有固定的模式的，但是，在我们进入婚姻之前，一定要先了解自我。一定要选择适合自己的，而不是最好的。

在现实生活之中，有许多的女孩子都有极强的虚荣心，都想找条件好一些的，觉得这样才能在别人面前有光彩，才能保证以后的生活过得好一点。但是，女人要知道，过得幸福与否，并不在于物质的多寡，而在于两人是否和谐。要明白，你的婚姻并不是展品，你所选择的男人，是你未来孩子的父亲、父母的女婿、你自己的爱人，执子之手，一直到白头的那个人，这些东西都是没法给别人看的。

其实，这也像到商场买衣服一样，许多女孩子都喜欢华丽的衣服，难道所有的衣服都要狂购回家吗？真正有品位的女孩子一定知道哪些衣服是适合自己的。那么，为何不把这种悟性放在选择婚姻上面呢？

张晴是个相貌靓丽的女孩子，而且也有极强的工作能力，身边不乏追求者。但是，张晴对于选择丈夫的事情很是谨慎，她明白什么样的男人最适合自己。

董雷和晓刚都是张晴的大学同学，工作后，都对张晴展开了追求。董雷相貌平平，收入中等，但却细心、体贴，而晓刚则外型帅气，收入丰厚，是典型的事业型男性。周围的朋友都劝张晴选择帅气而富有的晓刚，但是，最终张晴却接受了董雷，与董雷步入了婚姻的殿堂。

张晴觉得自己在生活中是个粗心大意的人，经常会为了工作而废寝忘食，她很渴望自己身边能有个像董雷那样细心、体贴的男人来照顾自己和关心自己，董雷能给的这份温暖正是张晴所渴望的。至于晓刚，虽然外型帅气、家境富有，但是张晴却觉得并不适合自己。同事问她为什么，她这样说道："男人有财，不可能养自己一辈子，帅气才气，不可能炫耀一辈子。我未来的丈夫是拿来过日子的，而不是拿来向他人炫耀的。所以，我不会找帅的也不找富的，我要找个能包容自己的，懂得体贴自己的人。如果不能够包容自己的情绪和缺点，就算条件再好有什么用呢？其实，最好的日子，无非是你在闹，对方在笑，如此温暖地过一生。"

有人曾说，真爱就是当你知道对方不是自己所崇拜的人，而且还明白对方还有着某一种缺点，却依然选择对方。任何一段美好幸福的婚姻，不能缺乏一样元素，那就是包容，能够包容自己的，便是适合自己的。这是获得幸福和快乐的基础。为此，在进入婚姻之前，一定要了解自己是谁，自己最想要的是什么，你对生活的渴望是什么，你与对方的结合是否能让婚姻保持和谐，等等，都要考虑清楚，否则一味地虚荣，可能会将自己伤得遍体鳞伤！

一般情况下，女人在进入婚姻之前，一定要对对方做好两方面的评价：

一是你们的精神生活有默契吗？你们在价值观上有认同感吗？他是否能让你有一种精神上深刻的依恋？女人要明白，爱情这东西是任何东西所不能替代的，因为你们要过一辈子，一个特别爱物质和一个不太爱物质的人在一起，两个人会互相地冲突；一个特别喜欢社交和一个喜欢安静的人，是没法协调的，这些电光石火的默契是非常重要的。

二是你们的社会生活是否能够相互融合？女人要明白，恋爱是两个人的事情，而婚姻则是两个社会群体的事情。最好的婚姻就是相互间的巧妙融合，认同彼此的圈子，喜欢彼此喜欢的人，接纳彼此间的朋友，因为有彼此，你们才会更爱这个世界中的一切，你们比之前更知道父母的养育之恩的厚重，更好地经营自己的朋友圈子。这一种相互间的接纳，除了爱情，你们之间还有恩情的维系。

其实，内心淡定的女人十分清楚自己究竟想要什么、什么样的男人最适合自己，能够祛除浮躁，幸福地过一生！

## 10. 选择爱你的人，不如选择懂你的人

张梅对丈夫哭诉道：“我觉得你一点儿都不爱我，天天都在忙，哪有一天好好地陪过我？”

老公刘劲也很委屈：“我努力加班挣钱就是想让你过上好日子，这还不够说明我对你的爱吗？”

夫妻之间诸如此类的争吵，经常在生活中上演。妻子和丈夫原本是很相爱的，但仍旧矛盾重重，冲突不断，终其原因就是双方之间不够理解，彼此间没有做到真正的“懂得”。生活中，时常看到一些怨偶，不是因为不爱，而是因为不会爱。人世间，那些彼此折磨的男女，不是因为不爱，

而是因为不懂。

雪小禅说：“懂得比爱情本身更重要。”情感作家苏岑说，让那个能懂你的人爱你，除此之外的任何人，纵然是千般讨好万般狂追，也要咬紧牙关，轻易不要点头。屈服于爱的女人很多，但大多屈服于爱的女人到最后都会懂得：一个人若不能真正地做到“懂你”，那他的爱，越深，便越折磨人……这其实是告诉女人，选择爱你的人，不如选择懂你的人。

民国才女林徽因，曾与大诗人徐志摩有过一段浪漫的爱情，但她最终还是选择了与梁思成结成连理。林徽因的选择是明智的，因为她知道，徐志摩教会了她什么是爱，而梁思成则是用“懂得”给予了她最温暖的陪伴。梁思成是真正懂得她的那个人。

梁思成是个不善言辞的人，但他不动声色的谐谑，常常让林徽因开怀大笑。同他在一起，林徽因感受到的是心灵的轻盈和人生的美好。他并不高大，但他的笃诚和宽厚让林徽因得到了从未有过的安全感。同时，他又是个胸襟开阔、坦荡无私又能细致入微地照顾别人的人，是个真正的男子汉。他们有共同的志趣和目标，那就是要为中国的建筑事业奉献自己，这让他们在长久的岁月中真正做到了心无芥蒂、坦诚相待，林徽因生活中所遇到的任何烦扰和偶尔涌起的茫然的心情，在他那里都能得到最诚挚的劝慰和开解。

梁思成和林徽因在美国进修时，他们的婚姻曾一度遭到梁母的反对，这让林徽因很是苦恼和委屈。林徽因深知自己并没做错什么，但这件事还是让她极为郁闷，后来，更因此而生病。梁思成很是懂得林徽因的苦衷，仍旧对她体贴入微，这让她的内心得到了极大的欣慰和释怀，最终与他喜结连理。

在徐志摩所乘飞机在济南附近的开山坠毁时，梁思成与沈从文等几个朋友亲到现场善后，并带去了林徽因亲手制作的希腊式铁树叶小花圈。当时的梁思成非常理解妻子的心情，便从现场捡了一块烧焦了的残骸，拿回家去给了林徽因。林徽因极为悲痛，便将这块残骸挂在了卧室的床头，一直到她去世，就那么挂了 24 年。梁思成觉得，徐志摩在妻子心中是有些分量的，她只是在用这种方式纪念他。因为懂得，所以宽容；因为相知，所以珍惜，爱情因为珍惜而美好，因懂得而温暖。梁思成如果不是真正地“懂得”她，如何能以阔大的心胸包容她，让她以此方式纪念他们感情中的“第三者”。

由此可见，懂得是心与心之间的一种理解、一种感应，是彼此心灵深处的默契，是灵魂与灵魂的对望。梁思成是真正懂林徽因的人，他把他的心放在她的心里，了解她的一切所思所想，为此，他们之间一切的纷争和矛盾都因懂得而化解消融，是深深的“懂得”让他们的婚姻奏出了最和谐的乐章。

身为女人，一定要找个懂你的人相伴终生。要知道，爱你的人未必懂你，但懂你的人，一定会疼惜你，深深的懂得，于彼此就是一种幸福。真正的懂得不是察言观色，更不是费尽心机地揣摩对方，而是心灵与心灵之间的一种感应、一种理解。懂得是一颗心对另一颗心的欣赏，是一段情对另一段情的欢愉。它源于爱，始于情，能让长久的爱情散发出最清纯的芳香。

真正懂你的人，会在你伤心的时候抱紧你，会在你寂寞的时候陪伴你，会在你孤独的时候给你一个微笑，会在你无助的时候给你一个宽厚的肩膀，亦会在你难过的时候，给予你最善解人意的宽慰。真正懂你的人，愿意与你一起分享生命的美妙和感动，愿意与你共同经历人生的风风雨雨，更愿意用体贴和呵护温暖你的今生岁月，愿意与你用相濡以沫去诠释一生相随的感动。所以，对于女人来说，找一个爱你的人不如找个懂你的人。他理解你的所思所想，无论在任何时候，都会给予你最温暖的相伴。

可以说，世界上最动人的情话不是“我爱你”而是“我懂你”。懂得你所以爱你，爱你所以惜你、疼你。可以说，在爱情中一句“我懂你”胜过千万句的甜言蜜语。有人说，懂得，可以将天涯化作咫尺，将沙漠化作绿洲，能够触碰内心最柔软的地方，能够让枯萎的心灵开满岁月的花朵。因为懂得，心与心不再遥远，情与情不再相猜，人与人之间便不会再冷漠。所以，如果你身边有一个懂你的人，请好好抓住他并珍惜他，他能真正地给予你一生最温暖的相伴。

# 第七章

# 人之所以不幸福，是因为苛求太多

## ——别拼命爱，学会偶尔给爱放放风

人生的许多不幸福，大多源于对生活或对他人苛求太多，尤其在感情中，因为总是一味地向对方索取，总期望对方能对自己付出，正所谓“希望越大，失望就越多”，人在得不到的时候，就会滋生愤怒、生气等许多负面情绪。所以，我们要想在爱情中品尝到美好和甜蜜，就要舍弃太多无理的苛求，别总想着去控制对方，让对方唯自己是从，而是要与对方保持适当的距离，还对方以自由，这样的人才能更为长久。

### 01. 别让婚姻成为囚禁爱人的“牢笼”

生活中，很多人，尤其是女人对婚姻都有种恐惧感，害怕把婚姻中的爱情给弄丢了，为此一步入婚姻便对爱人实施“时时盯紧，步步跟牢”的政策，甚至恨不得能够找一根曲别针将他别在腰间。于是，爱人也随即失去了自由，家便成了囚禁爱人的“牢笼”。被囚禁的一方感到郁闷、痛苦，想方设法想得到自由，而女人则还是变本加厉，绞尽脑汁，想尽办法抓住男人，以期抓住爱情。所以，很多结了婚的人，尤其是女人在一夜之间就突然变成了“超级间谍”，对爱人进行追踪、盘查。要知道，人人都讨厌被约束，你给他披枷戴锁，让他备受煎熬，那么，他就会每天寻思着如何摆脱这样的囚禁，一旦逮着机会，便会变本加厉地享受自由。

晴宜的老公周建长得仪表堂堂，是个标准的帅哥。周建是一家外贸企业的职员，和晴宜结婚后，因为生活压力增大，便努力工作，不到半年便被擢升为公司的业务副经理。从此之后，周建便比之前忙碌了许多，几乎天天都有应酬。周建开始早出晚归，随着时间的推移，晴宜便开始怀疑：他真的有那么多的应酬吗？

越想越不对劲，晴宜便对周建开始“查岗”，跟踪过几次之后，看到周建与一群男男女女出入酒楼、保龄球馆、咖啡屋这些地方，就更加不放心了。她开始苦思冥想，终于想出了一个对策。每当周建说有应酬的时候，她便不动声色，当周建出门后，晴宜便会打电话过去，说自己今天得了急病，或者是自己的钥匙忘在了家中，进不去家门之类的……

周建是个很体贴的男人，听到这些消息便会立即回家，回到家中看到晴宜在欺骗自己，先是苦笑，时间久了便愤怒、大吵，但是晴宜却铁了心，坚持自己的做法。这样让周建很多次与客户失约，或者半途退场，生意丢了一单又一单。客户说他不讲信誉，经理见他业绩下滑，也给他降了级。面对此种打击，周建痛苦极了，他没想到，原本温柔可人的爱人，怎么结婚后便成了这个样子。后来，在压力下，因为周建与一位同事产生了恋情，他和晴宜的婚姻也宣告解体。

晴宜如何也想不到，被自己紧紧盯牢的丈夫最终还是“走私叛变”了。

无端的猜忌，只会让爱情消逝得更快！晴宜就是因为把丈夫周建盯得太紧，最终让周建逃离了婚姻的围城！聪明的人在婚后不会将爱人抓得太牢，而是会选择放养的方式。放养是一种放手，而不是放弃，是要有张有弛，亲密有间，不刻意约束，这种方式有益于夫妻间感情的保鲜。而如果你将爱人抓得太紧，整天不是盯着他就是黏着他，很容易因为丧失神秘感而让人反感，从而破坏婚姻的品质。

我们要明白，爱人是用来爱的，不是用来管的，再说紧紧地看守，并非是一件省心的事。与其这样，还不如让他自由地生活，像风筝一般，它飞得再远，最终还是会回到你的手中。你们之间如果有爱，又有什么好担心的呢？如果对爱失去信心，你再怎么重兵把守，还是难留住他的心。

其实，在婚姻中，如果你能给伴侣充分的自由与信任，他就会对你的宽容与大度给予极大的感激，会对你倍加珍惜，时时想着回家。要知道，信任是婚姻大厦的根基，将爱人“圈养”的人不只是对爱人缺乏必要的信任，还是对自身缺乏必要的自信。当你的爱人愿意和你携手一起走进婚姻殿堂，你便是他这一生中最为重要的人，所以，无论你的爱人如何在外应酬，他最终的家只有一个，唯一的爱人也只有你一个。当然了，很多女人可能会说，我的男人总爱盯着美女看，其实这是正常的，作为女人，难道你不喜欢看帅哥？难道你不欣赏有魅力的男人吗？男人看美女、聊女人只是一种生活的调节方式，所以你没有必要扼杀他的这些爱好，最终让他对你产生嫉恨或者反感。

我们要学会适时给爱情和婚姻放一个假，这样不仅会使你的伴侣增强魅力，还会使你们的感情时时新鲜，将婚姻持续得更为长久。

## 02. 给爱一点呼吸的空隙：抓得越紧，失去就越快

有人说，爱情就像握在手中的沙子，你抓得越紧，它便溜得越快！你拼命对一个人好，生怕做错一点事情对方就不喜欢你，这不是爱，而是取悦。分手后觉得更爱对方，没他就活不下去，这不是爱情而是不甘心，就像拼命努力工作的人，生怕别人会看不起你，这不是要强，而是恐惧。所以，要想不困于情，就要懂得从容，不要把爱情看得太重，更别把伴侣抓

得太紧，否则，只会适得其反，让爱走得更快。

一个正处于恋爱时期的女孩子问母亲：“我们恋爱已经三年了，刚开始的我们很是甜蜜，但是我怎么越来越觉得爱情变得沉重了呢？我该以怎样的态度对待爱情呢？”

母亲便轻轻地抓起地上的一把沙子，沙子全部都盛在她微微凹卷的手心里，一粒也没有掉下，然而，当母亲紧紧抓住沙子的时候，沙子则几乎全部从她的手心中掉落了。当母亲再次摊开手掌的时候，手心中的沙子则已经所剩无几了。

这就告诉我们一个道理：爱情就像手中的沙子一般，你不抓紧它，它就是圆圆满满的，不会撒落，一旦抓紧它，就会使彼此无法呼吸，爱情就会变得扭曲，也就很容易失去对方。也就像一首歌中所唱的那样，对待爱情要坚持半糖主义，爱来之不易，要留一点点空隙，彼此才能呼吸，这也是爱情之道。

生活中，我们经常会听人会抱怨：我已经对他付出了全部，为什么还是得不到他的心；我为他放弃了一切，他为何还是移情别恋？……许多人失去爱，并不是因为不够爱，而是因为爱得太浓，把对方抓得太紧。

凌薇和男友相处有两年了，当初她为了男友放弃了在老家考公务员的机会，因为她担心距离会将他们分开。

两年来，凌薇觉得自己已经对男友林枫付出了百分之百，但却觉得男友对自己越来越冷漠了。每天下午只要一下班，她便会第一时间到林枫单位的门口等他。两人一同回到家中，凌薇就主动下厨做他最喜欢吃的饭菜，星期天则承担所有的家务。但这些付出丝毫不能打动对方，反而觉得他离自己越来越远了。

对此，林枫也很委屈，经常对朋友这样抱怨：“我们不在一起的时候，想起她为我做的一切，确实让人很是感动。但是只要我们在一起，我就觉得特别烦她，总是唠叨个没完。不是我不知足，而是我只希望她给我一点点的空间。周末我很想和同事一起出去打打球、爬爬山，但是她非拉着我去逛商场；晚上下班回家，我只想去和几个好哥们儿喝点酒，可是她非要跟着我，一会儿不让我做这，一会儿也不让我动那，真是让人太压抑了！”

凌薇的闺密劝她要懂得给对方一点空间，这样才能让他对凌薇死心塌地，但是凌薇总觉得自己并没有做错什么，她觉得自己那样做，无非是想给对方多一点的爱。

就这样，几个月后，林枫终于向她提出了分手，理由是：你给的爱确实太沉重了，令人无法呼吸，我实在是承受不起。面对如此沉重的打击，凌薇哭得很是伤心，苦苦央求林枫不要离开她，还骂林枫太忘恩负义，自己付出那么多，却不懂得感恩……

凌薇因为付出得太多，压得林枫喘不过气来，最终让甜蜜变成了沉重的负担。如果凌薇听从了闺密的劝告，多给林枫一些自由、一些空间，她自己就不必爱得那么辛苦，也不会让林枫逃离。

爱得太深切，就变成了自私，变成了占有，就会令彼此觉得疲惫不堪。很多人之所以失去爱情，就是不明白，爱情固然是甜美的，但若为“自由故”，就会被人所弃。所以，当你给予对方过多的爱的时候，就意味着你已经抢占了对方独立的“地盘”或“圈子”，这时候，原本的“付出”也就变成了“索取”，最终让对方觉得你蛮不讲理，不可理喻，会让人逃离你。所以，要想让爱情甜蜜永远，就要学会从容爱，切勿拼命爱。请给对方一些独立的空间，让双方都能在爱情中享受自由，顺畅地呼吸。

## 03. 爱不是约束改变，而是接受

在进入婚姻后，许多人，尤其是女人总是按照自己的方式去纠正男人的缺点，试图想用自己的方式去打造一个自己理想中的对方。尤其是做了家庭主妇的女人，很喜欢按照自己的规划来行事。比如，经常会拿男人不换衣服、不做家务等来对男人大加批评、指责！久而久之，让男人感觉家就是需要遵守很多规则的地方，那么家庭所代表和承载的港湾的意义就荡然无存了。

很多时候，男人会因为爱而走进婚姻，但是这并不代表他愿意在爱的约束之下丧失自己的一片天空。在婚姻中，他们希望的是默契、宽容和理解，而不是批评、指责和约束。如果你经常让男人在家中不能够获得自如愉快的感觉，那么，家庭的吸引力就会逐渐地丧失，那么，他也会渐渐地对你愤怒甚至反感！

张姣在没有嫁给晓杰的时候，经常帮助晓杰收拾房间，打扫卫生。在晓杰的家中，张姣经常看到这样的情景：洗发水的瓶子斜倒着，瓶身和瓶盖“身首异处”，洗发水流掉的比用的还多；毛巾经常被揉成一团，“蜷缩”在洗衣机上；没有拧紧的水龙头，经常滴滴答答地流着水……张姣想，等他和自己结婚了，有了责任感，这些毛病可能就能改掉了。

他们结婚后，晓杰从男友升级到老公，但是以前的坏毛病却仍旧没有改变。张姣先是温柔地给他提示，经常对他说：“亲爱的，你看我每天收拾房间多累啊，你的坏毛病也该改改了。”晓杰每次都答应着，但是第二天却照旧如此。张姣见此招不灵，只好给他来硬的，不时地用生气的语气警告他说：“如果你再乱扔东西，我们就直接离婚。”

这当然能引起晓杰的重视，但是三天之后，一切又恢复了老样子。

张姣感到失望至极，摆在她面前的现实是，她的老公根本就是恶习难改。失望了一段时间后，张姣不甘心就这样放弃，她又开始了改造他的新计划。比如，她经常会在旁边监视他刷牙洗脸，看到他乱丢东西，或者水龙头没拧紧，立即在旁边严肃地提醒他。当他四下里找不到车钥匙的时候，随他如何着急，想他以后就能够改掉了。

但遗憾的是，这些方法都没有奏效。在经历了无数次的斗争之后，张姣终于明白，她改造老公的目标永远没有实现的可能。而张姣的这些做法，让晓杰时常感到厌烦，其对张姣也越来越冷漠了。

很多像张姣那样的女人从结婚的那天起，都想着按照自己的意愿去改变自己的丈夫。她们不是嫌丈夫走路姿势没风度，就是嫌丈夫不注意生活细节……结果导致丈夫的反感，甚至影响夫妻的感情。

要知道，好的家庭绝不是最整洁的屋子，温暖的家庭也绝不仅仅是一个整日操劳的妻子就能够代表。当我们不断地企图纠正对方的各种坏习惯的时候，忙着将对方变成另一个自己的时候，我们是否应该停下来想一想：是否我们根本就是在爱那个潜在的自己，而忽略了对方的感受呢？有些东西在你的生命中是必须，但在对方的生命中却未必，你拿自己的理念去要求别人，本身就是极专横的表现。爱应该有适度的自由，否则就会成为牢笼，对方会渴望挣脱。你真的爱他，或者想和他过一辈子，就要接受他与生俱来的弱点，就要尽力学会去尊重他，帮助他，别勉强他，嫌弃他。

真正聪明的人会用宽容和理解去经营自己的家庭，让双方都生活在比较自由和宽容的环境中，用彼此能够接受的方式让对方知道：我需要你，但是我更努力地让你需要我，这才是我存在的价值，如果你不再需要我，我会找一个地方放置我自己。要知道，每个人都不喜欢被人指责，更不喜欢每天看到的都是一个愁眉不展、不快乐的人。在任何时候都不要用你的标准去判断你的男人，批评他的冷漠和薄情，他也是一个血肉之躯，也想生活得简单一些，你的苛责和挑剔，只会让他离你越来越远。

## 04. 舍弃苛求，学会接纳伴侣的不完美

对他人过于苛求的人，总是很自我，总喜欢用自己的标准去衡量别人

的言行，稍与他的标准不符，他就认为那是坏习惯。殊不知，世界上许多事物的评判并非只有一个，世界也不是以你为中心的，过于苛求，只会使自己更加苦恼，也容易让对方难以忍受。

同时，一个人如果过于挑剔别人，不能包容他人，主要是因为自己狭隘的心胸造成的，心中只装得下自己，却无法容忍别人。要知道，花园因为不同的色彩才会缤纷绚丽，你只要认识到事物的多样性，以一颗包容的心去面对，才能与他人和谐相处，对爱人更应如此。

有一天，一个人满脸憔悴，神色黯然地去见一位智者。原来，这个人刚刚结婚，但却从他脸上看不出任何新婚宴尔的喜庆。

他对智者抱怨道：我的婚姻为什么总是很不幸，我的前妻毛病很多，每天总爱唠叨，而且脾气暴躁，家里家外没有她管不到的。另外，她还特别爱花钱，不喜欢做家务。每次总是会趴在我的腿上撒娇说，老公咱们到外面去吃吧！偶尔在外面吃一顿，我还是可以忍受的，但是，她三天两头要出去吃，我们为此经常吵架。久而久之，我对她厌烦至极，于是向她提出了离婚，前妻毫不犹豫地答应了。

第一次婚姻的失败，我苦闷难当。一年过后，我想再婚，当时我想娶一位能够省吃俭用、爱干净却又不乱花钱的女人进门。不久之后，我的愿意实现了，朋友便给我介绍了一个女孩，各方面的条件都符合要求。我非常喜欢她，认为这次婚姻一定能够得到幸福。于是，我就满怀期望地将这位女孩娶进了家门。

但是，婚后不久，我就发现我新娶的这位夫人真是太爱干净了，每天都会将家中收拾得一尘不染，我每天回家进屋后必须要先被她拽进浴室洗澡，换上家居服才能够吃饭。平时，只要说有亲戚朋友到家里来，妻子就会马上命令我和她一起大扫除，搞得我筋疲力尽。我这时候才明白，女人如果太爱干净了，可真是要人命啊！

如果仅仅是爱干净也是能够忍受得了的，但是，妻子还爱翻我的钱包，每天要检查我的财务支出，搞得我经常囊中羞涩。每天餐桌上摆放的永远是青菜土豆，偶尔我说，咱们出去吃顿好的吧！天天吃这些，真是太倒人胃口了。而妻子却振振有词地说：出去吃，又要花钱，我看青菜土豆就行，既营养又健康，而且还省钱……

听了她的话，我真想一摔碗就立马走人。但是，刚刚结婚又不能离婚，哎，想想都痛苦，每天都将自己压得喘不过气来！

智者听了，淡淡地对他说："生活中，每个人都有缺点，两个生活习惯各不相同的人结合在一起，就像两只长满刺的刺猬一样，一不小心就会扎到对方。如果两个人要生活在一起，只有相互包容，容忍彼此的缺点和不足，去发现对方的优点，才能够获得幸福。你的生活之所以太过压抑，只是因为仅仅看到了对方的缺点，甚至在你的心中把对方的缺点和不足扩大化了，大到蒙住了你的眼睛，才让你看不到她的优点。"

其实，婚姻就像一杯原味咖啡，原味咖啡是苦涩的，极为难以下咽的，然而，加了奶和糖的之后，就会变得极为香醇。幸福的婚姻也是如此，只要你在婚姻中加入爱和包容，就能够体会出幸福的味道。

世界上没有绝对幸福圆满的婚姻，幸福来自于容忍与互相的尊重。每个人都渴望在婚姻中汲取到幸福的养分，然而，现实婚姻中的男男女女，难免会为了小事闹矛盾、争吵，但是，如果你能以宽容的心态对待对方，那么，幸福便不会被打折扣了。

## 05. 懂得"不动声色"，对方会更爱你

一对夫妻，因为双方个性的差异，总是发生这样或那样的矛盾或冲突。男人在发怒时，女人总是不动声色，让着男人，任由男人埋怨、生气。这让男人总是对她心存感激，他们的婚姻也为此持续了 70 年之久。

在他们结婚70年庆典上，老头就问老太太说："老婆子，你为什每次吵架总是不动声色地让着我啊?"

老太太说："因为你是我老公，不管怎么说，十年修得同船渡，百年修得共枕眠，就算我吵赢了，又能怎么样?赢了道理，却输了感情，我可输不起啊!"

无论女人还是男人，不动声色都是一种动人的气质，是最具吸引力的重要品质之一。无论在婚姻中还是在爱情中，如果发现爱人有"异样"的表现时，不动声色是最具智慧的处理方法，它会让你的伴侣更爱你。

一般来说，在婚姻或爱情中，女人很容易因为一些琐事而生气，但是，不动声色的女人则在任何时候都能镇定自若地面对生活中的种种琐事。不动声色的女人，集成熟、独立、宽容、风情于一体，永远不会因为岁月的流逝而失去光泽。这样的人，可以在轻描淡写间应对一切的变幻，在他人的挑衅中能透出稳重、独立和成熟，在张扬中尽显内敛和娇娆，让人心动。

刘刚下班后就立即给妻子张蓉打电话，说自己要加班，要晚一些回家。张蓉叮嘱他说，别太累了，加班前买点吃的，别饿着。放下电话，刘刚便点了支烟，狠狠地吸了一口。其实，他并不是加班，而是约了一位女孩一起喝茶。

这位女孩年轻漂亮，浑身充满了青春的活力，刚刚来到单位，就引起了刘刚的注意。工作中，经过几番的交流，女孩便对刘刚产生了好感。但是刘刚想到自己家中的妻子便想拒绝，但他却莫名其妙地接受着。或许是他无法拒绝女孩的单纯所带给他的那种怦然心动的感觉。

茶楼里，女孩羞涩地垂着眉眼不说话，刘刚看着女孩就一直在想，自己是不是该说点什么，说自己有妻子有女儿，和她只能做好朋友。如此唐突却直接的话语在他说出来之前，茶楼的门便开了，几个漂亮的女人坐在了他们的邻桌。只是看了一眼，男人便已经冷汗涔涔了：那一群女人中，有他的妻子赵蓉……

几个女人要了茶、点心和一些小零食，有说有笑，看样子是很开心。刘刚明白，赵蓉已经看到了他，但是并没有露声色，依旧专心地与几个同伴有说有笑。赵蓉中间去了一趟洗手间，从刘刚的身边经过，刘刚感觉暴风雨可能马上要降临了。然而，赵蓉却依旧像没看到他们似的，只是回到自己的位上，催促女伴们快点吃点心，说她等下还要回家给老公做宵夜。

刘刚开始坐立不安，很想过去和赵蓉打个招呼，然后给她介绍坐在自己旁边的女孩只是自己的同事。但他却不能这样，他怕女孩误会他，给女孩造成伤害。

思前想后，刘刚只好装作没看到，直到赵蓉和女伴们离去才舒了一口气，对女孩说他刚才看到了自己的妻子，就在自己的邻桌。女孩吃惊地问道："她看到我了吗？"刘刚说，看到了，但她却什么也没说，我跟她撒谎说今天加班……女孩沉默了一会儿说，你妻子对你真好。刘刚笑笑。女孩咬着嘴唇说，以后，你当我哥吧。一瞬间，刘刚如释重负。

回家时，刘刚一直想肯定会有一场暴风雨，就算赵蓉可以原谅他撒谎，但绝不会保持沉默。然而，回到家后，赵蓉却什么也没问，依旧像往常一样给他递上暖烘烘的拖鞋，说，洗洗手吃饭吧。吃饭的时候，赵蓉就不断给刘刚夹菜，还说，我在茶楼看到你都没吃什么东西，饿坏了吧！刘刚感到浑身不自在，就问道：你为什么不问那女孩是谁？赵蓉说，应该是你同事吧？刘刚点了点头，说：是我的同事，加班突然取消，就一起去喝了杯茶。赵蓉点点头，表示理解。刘刚接着问："我这样说，你也相信吗？"赵蓉说："我当然相信了。"刘刚有些着急地解释道："那女孩现在是我的同事，以后也只可能是我的同事！"赵蓉说："我知道，这个世界上最了解你的人是我。"刘刚内心激起了一股暖流，看着善良、温柔、大度的妻子，感到家是如此的温馨……

赵蓉无疑是个聪明的女人，她用宽容、大度和善良，不动声色地解除了丈夫内心的担忧，还巧妙地避免了一场家庭战争，让丈夫刘刚对她产生了一种感激之情，让彼此间的感情又进一层。

在婚姻中，女人更容易因为生活中的一些小事而与丈夫发生矛盾，大动干戈。这样不仅会丧失女人特有的柔情，还会招来他人的厌烦。而聪明的女人，则会不动声色地将强悍、愤怒隐藏在优雅、活泼的表象之下。懂得不动声色智慧的女人，可以在无形中给予男人和爱情有效的控制力，而这种控制却又让人感知不到丝毫的难受或不情愿。可以说，不动声色，是化解家庭矛盾，增强夫妻感情的最好的良药。

不动声色的女人是自信的，她们不会因为没有国色天香、美若天仙的容貌而烦恼；也不会为腰粗脸胖胳膊壮而郁闷不已。她们懂得，再美再艳的花也经不起朝天寒雨晚来风的吹打，再美的容颜也拗不过时光岁月的流逝。只要笑容是充满自信的，穿着是得体的，举止是优雅的，一样能散发出幽幽的馨香，愉悦人心。

不动声色的女人，也许并不富有与阔绰，但却有着坚强的内心。她们的观念不陈旧、不古板，了解一些时尚的风潮，懂得一些人生哲学，能够品品咖啡，会经常看看书，听一段最新的音乐……她们在工作上不怨天尤人，生活上不苛责于己，懂得浪漫和惬意自在。她们有些小理想、小追求，没事的时候会出去旅旅游，在自然景色中寻找内心的平静与优雅。然后，保持轻松的心情去上班，带着愉悦回家做饭带孩子。

不动声色的女人，学历不一定很高，知识不一定很渊博，经验也不一定很丰富。但她们却懂得人情世故，她们智慧而练达，她们不是传播小道消息的小女人，也非东家长西家短的长舌婆，她们与人为善，真诚待人，通常会用简单去应对复杂，懂得感恩，很容易感动，善于从平凡的生活中体味小幸福小快乐。

所以，从现在开始，学着做一个不动声色的女人吧！不卑不亢，不惧不忧，乐观积极，豁达开朗，勇于面对生活中的一切，让生命焕发出久远的魅力！

## 06. “管”会让他口服，“疼”则会让他心服

女人管教男人有一种智慧：“疼”他会让对方体会到甜蜜的感动和舒心的理解与宽容！它是一种平等的相处，一种自然情感的延续，它需要相互间的理解与尊重。

婚姻生活中，许多人，尤其是女人都喜欢依照自我的观点和方式去纠正爱人身上的种种不足与毛病，试图以自己的方式将对方改造成一个全新的人。殊不知，这样只会招致爱人的反感。

据不完全统计，多数人在爱人眼中至少有 1000 个以上需要改造的地方，所以，对方无论如何做，还是会令另一方不满意。于是，被管制的那一方很容易会因此而逃离家庭，离开另一方。其实，真正聪明的人，从来不会采取强制的方式去改造自己的伴侣，这种方式不仅劳心劳力，而且还不讨好。要懂得，在婚姻关系中，彼此双方都是渴望获得默契、理解和宽容的。如果你总是以批评、指责和约束的方式对待对方，只会让其厌恶甚至逃离婚姻。所以，真正聪明的人是富有智慧的，他们会以尊重和疼爱爱人为原则，在对方舒舒服服愿意接受自己的情况下，才说出自己的意见或提出自己的建议。

柳梅和丈夫结婚十年，依然还是甜甜蜜蜜。丈夫每次回家都会给她一个大大的拥抱；吃饭时也会主动给她夹菜；去外地出差，总会给她带几件心爱的礼物……

这让周围的姐妹都羡慕不已，都说柳梅有福气，嫁了个如此体贴的好老公，而且还再三向她盘问夫妻间的“幸福秘诀”。

柳梅说自己并没有什么秘诀，只是在生活中很注意“疼”老公并注意给他留面子。在她卧室的墙上贴有这样一个字条，上面是她制定的“家

规”：第一，历史证明老公永远正确，家里的一切都由他做主；第二，万一老公不对，仍参照第一条执行。

后来，老公在感动之余，又在“家规”上加了这样一条：夫人享有总裁决权。

聪明的人都懂得，要想得到爱，先得学会给对方施予爱。每个人都有叛逆心理，如果一味地强加制止，只会引来不必要的争端和吵闹。与其这样，不如先对他施予爱，让他在舒舒服服接纳自己的情况下，再改变他。

强制性地“管”他，只会让他口服而心不从，而“疼”他则会让他心服口服。真正聪明的人会用理解和爱去经营和守卫自己的幸福，让双方都生活在比较自由和宽容的环境中，用彼此能够接受的方式去让对方懂得：我需要你，但是我会更努力地让你需要我。而决不强制对方去做什么或者履行什么。

## 07. “牛奶＋咖啡”式的爱法，不仅营养而且提神

女人最容易被情所困，爱情来了，疯狂地爱，丝毫不给对方留空间；当爱情走了，却又哭天抢地，觉得自己受到了伤害。要做云淡风轻的女人，首先要摆正自己在爱情或婚姻中的姿态和位置，更重要的是，要学会爱。

新时代的魅力女人，对待爱情，要敢于自己做主。对待爱情，只投入五分之四。五分之四的“付出”和五分之一的“自我”，会让你成为一个焕然一新的魅力女人。这就是“牛奶＋咖啡”式的爱法，对男人来说，女人的这种爱法不仅营养而且提神。

苏岑说，不把自己全部嫁给“爱情”的女人活得精彩。的确，把五分之四贡献给爱情，其余的五分之一留给“自我”，即为“牛奶＋咖啡”式

的爱法，女人不仅在生活中会摇曳多姿活色生香，而且爱情也滋润无比。对男人来说，女人如果给予过多的爱，会成为彼此的负累，不仅自己会疲惫不堪，也会让对方气喘吁吁。当爱情成为负累的时候，就会以痛苦结束。而同样地，如果爱太少则会没有温度，感情慢慢便会变淡。而爱到五分之四的时候，也就是八分熟的时候，正是令双方最舒服的时候。

今年28岁的小倩一共经历过四段刻骨铭心的爱情：自认识第一个男朋友之后，她恨不得把自己的全部都给他。为了他，她几乎放弃了她的全部。为了能与男友待在同一座城市，她辞去了异乡前程似锦的工作，还为了他疏远了身边的同性异性好友……为了能够取悦男友，天天待在家中，做个小主妇：买菜，做饭，化妆，等他下班……三年后，她却被男朋友无情地甩掉了。这段恋情像极了电影《殇情夜》中的桥段：我苦苦等你，却只换回一句“分手”的短信。

第二段感情亦是如此，只是她被男孩甩的时间提前了些，不到两年，男友就毫不客气地对她说了“拜拜”！随后，她又重复了有着类似情节的第三段感情，最终还是被甩。

被爱情连伤三次之后，她自己也痛苦地思索：为啥我这个痴情女总会遇到薄情郎？为何我为他们付出了自己的一切，却只换回他们无情的背叛？

小倩为此消沉了一段时间，从爱情的伤痛中挣脱出来之后，她就做了一个决定：“今后，无论遇上什么样的男人，我只做我自己，只做让我自己高兴的事情，我不再为取悦任何男人而生活！”

后来她遇到了第四段爱情，而小倩也再不是当初那个为了爱情而生活的小女孩了。如今的她，即便恋爱了，也依旧会保持自己独立的生活姿态。她会因为陪闺密逛街而推掉与男友的约会；为了加班赶稿可以让男友将生日聚会推迟一天；她只买自己喜欢的衣服，只看自己喜欢的电影；偶尔下一次厨房，也一定会做自己最爱吃的菜……想想以前的三段恋情，她自己也觉得自己对现在的男友太过恶劣了。但是，她彻底想通了，恋爱就是为了让自己更快乐！她随时做好了与男友分手的准备，她决不会为了任何人而妥协自己内心真实的快乐！

交往一年之后，男友就特意十分正式地找她谈话，小倩正等着准备要分手时，男友却对她说："我们结婚吧。只有把你娶回了家，我才觉得能够将你彻彻底底地抓牢了！"

回忆前情旧爱，她内心感慨颇多：曾经那么重视爱情，为爱情付出全部，却屡屡被甩；如今不那么重视，没付出多少，却被爱人当成了宝贝！

最终她明白了，只有适当地付出，适当地保持自我，才能够让爱情之路走得更为顺畅。

其实，在生活中，那些越是爱得失败的人，越是爱得深切的人。当他的关注度过分地集中在一个人身上的时候，那个人自然会感受到无法承受的沉重。《东京爱情故事》中，完治对莉香说："你给的爱太重了，我背负不起！"真是令人伤心的一句话。有些男女的分开，不是因为不爱，而是因为太爱，那些爱得太过深切的人，总是用最深切的爱，将自己心爱的另一半逼跑。

为此，要想使爱情保持长久甜蜜，就运用"牛奶＋咖啡"式的爱法，不仅营养而且也能让男人视你如宝。

## 08. 须牢记：没有什么错误可以"永垂不朽"

生活中，我们经常听到有人会这样说："曾经，我因为爱错了人，而使自己失掉了一生的幸福。""如果当初没有沉浸在那个男（女）人的甜言蜜语中，我不会落得如此悲惨的下场。"……这样的人，脸上大都挂着"沧桑"，精神落寞，眼神中略含忧伤，但是却看得出，其已经完全从当初那种刻骨铭心的痛苦中挺过来了。其实，在情场上犯错、受伤，是每个人一生都可能会经历的事情。因为我们都曾经年轻过，年轻就意味着不够成熟，容易受诱惑，更容易受伤。但是，请记住，这个世界上没有什么错误会“永垂不朽”，能让错误“永垂不朽”的是你反反复复重复错误和痛苦的一颗心。

有位哲人说，年轻时如果你在情场中犯了错，受了伤，就该霸气地对自己说：“好的，我错了。但我的错误仅仅到今天为止。”总有一天，你会发现，那些曾经让自己痛不欲生、寻死觅活的伤痛，原来只是随手可以丢弃的垃圾。

祥林嫂是鲁迅小说《祝福》中的一个典型的爱重复自己不幸的女人。她小小年纪便死了丈夫，成了寡妇，后又差一点被婆婆卖掉，于是，便连夜跑到鲁镇，来到鲁四老爷家帮佣，因为不惜力气得到太太的欢心。不料被婆婆把她抢走与贺老六成了亲。在此期间，她并没有停止向人抱怨她的不幸，很是招人讨厌。

贺老六忠厚善良，为凑钱还债累病而死，儿子也被狼吃掉，于是祥林嫂又回到鲁四老爷家。纵然她遭遇了种种的不幸，但是她却总把过去的不幸挂在嘴上，向周围的人一遍一遍重复自己曾经的痛苦，遭人厌嫌。当她在祝福晚上兴冲冲端出供品时，鲁家大加责骂，于是从此精神萎靡，做事心不在焉，被鲁家赶出去当了乞丐。在一个祝福之夜，她便死在了漫天风雪中。可以说，祥林嫂是中国劳动妇女的典型。她的悲剧，很大程度上在于她总将自己的不幸挂在嘴上。

很多时候，那些所谓的“坏运气”都是来转化我们的，其实就是告诉我们什么地方出了问题。只要我们着力解决存在的问题，“坏运气”就自然烟消云散了。没有什么错误或不幸能“永垂不朽”地左右我们的人生，人生的意义的确不在于拿一手好牌，而在于打好一手坏牌。

每个人都不可避免地会犯错，遭遇痛苦，但是，这些都是我们不断走向成熟的必经之路。要知道，成熟的人是富有魅力的，而人所谓的成熟就是要不断地丢掉自己不喜欢的东西，再难也别忘记让自己开心，失恋和笑容总能够让我们离幸福更进一步。

苏岑说，在情场上，能让世界低头，是一种霸气！让自己放手，也是一种魄力！放手，不是距离上的放手，而是内心真正的放下。张小娴也说："当你学会放弃，你才可以承受一切的失望和谎言。我什么都可以不要了，你还能拿我怎样？"这里所谓的"放手"、"放弃"，其实是告诉我们，在任何时候，都要学会放弃一段错误恋情给自己带来的伤痛，这里的放手，主要是指从心理上进行"放手"。

美国作家路易丝·海在她的作品《女人的重建》中这样写道：在任何时候，女人的一切都掌握在自己手里，女人在任何年龄段都是可以重新开始的，一个女人不幸地活了半生，并不代表她将永远活在不幸里，关键是要给自己重生的机会。

美女CEO（首席执行官）王潇说："就算你已经为他投入了很多时间和钱，该离开的时候也要利索点离开。勇于承担恋爱的沉没成本，是展开新生活的前提。"富有魅力的人在恋爱时，就该拿出勇于结束一段错误爱情的气魄来，但是前提是，别让这种失去后的痛苦缠绕你！

## 09. 贪婪和懒惰是扼杀幸福的罪魁祸首

每个人似乎都有这样的体验：两个人最初走到一起，会因为对方为自己做的一件极小的事情而感动；后来，对方要做很多的事情，我们才会感动；再到后来，他要付出很多甚至更多，我们才肯感动。人就是如此贪婪的动物，认清了这个事实后，请开始珍惜你身边的那个人吧！

每个人似乎也都有这样的体验：两人刚到一起的时候，感觉很甜蜜，你做什么都会想着对方，你一切行动都是围着对方转，心甘情愿为对方付出一切；到后来，随着双方感情的稳定，你就懒得再为对方着想，对方的一举一动都不放在眼里；再到后来，双方越来越熟悉，感情越来越淡，你更懒得为对方做任何事情，甚至不愿意听对方倾诉！很多时候，感情不是败给了时间，而是败给了懒惰！

由此可见，贪婪和懒惰是扼杀美满婚姻的罪魁祸首！

在一个聚餐场合，有人提议多吃点虾对身体好。这时候，有个中年人开玩笑似的说："十年前，当我老婆是我女朋友的时候，她说要吃十只虾，我就会立即剥20只给她吃！现在，如果她要让我帮她剥虾壳，简直是开玩笑！我连帮他夹菜都没兴趣了，还剥虾壳呢！"

恋爱与婚姻的差别就是如此之大，这是婚姻普遍存在的状态和现象！也是我们都面临着的，明知道却又走不出的困惑！与其说是时间冲淡了感情，不如说我们被贪婪和懒惰所征服了。

每个人从恋爱到结婚，总要经历这样的阶段：两人在一起开始觉得很甜蜜，总觉得身边多了一个人相伴，多了一个人帮自己分担，终于结束单身日子不再孤单了。无论做什么，都能感觉到对方在想着你、恋着你，无论做什么，只要能在一起，就是好的。但是渐渐地，随着彼此认识的加深，就开始发现了对方的缺点，于是所有的问题就来了。紧接着，你对对方的要求越来越多，如果对方不能使你满意，你就会厌烦，想逃避。哲人说，爱情其实就是在捡石头，总是想捡到一个最适合自己的，但是你又如何知道自己什么时候能够捡到呢？

其实，真正的爱情，就像是磨石子，或许刚开始捡到的时候，你不是那么的满意，但是别忘了，你是有弹性的，很多事情是可以改变的。只要你有信心、有勇气，与其到处去捡那些未知的石头，还不如将拥有的石头磨亮，现在的你，已经开始磨了吗？

这就是很多人只愿意一辈子恋爱，却迟迟不肯走入婚姻的原因。因为，婚姻最容易让人变得懒惰。如果每个人都懒得为对方着想，懒得沟通交流，懒得倾听，懒得制造惊喜，懒得温柔体贴，那么，夫妻或者是情人之间，又怎么会天长地久呢？

所以请记住：有活力的爱情，是需要适度灌溉的，维持长久的婚姻，是不可以偷懒的！

# 第八章

# 人之所以会抱怨，是因为不懂感恩

## ——心灵有家，生命才有路

生活中，我们会因爱情而困顿、悲伤、忧愁，同时也会因为对亲情或友情的处理不当而产生抱怨的情绪，比如在家中面对父母无休止的唠叨，我们会厌烦，面对朋友的一些无情的做法，我们也会感到失落，其实，这些负面情绪的产生大都是因为我们不懂得感恩。父母从小就呵护我们成长，他们为了我们不知辛苦地劳作，所以，我们要懂得体谅他们，懂得主动去报答他们的恩情，别总埋怨父母的唠叨、麻烦。另外，对于朋友，我们也要懂得感恩，是他们为我们驱赶了寂寞，带来了快乐。所以，我们如果事事都能以感恩的心态对待，就不会因亲情或友情而感到不安或烦恼，甚至痛苦了。

### 01. 有一种爱，亘古绵长，无私无求

在家中，很多人难免会与父母发生这样或那样的冲突，比如因为一些小事与父母发生争执，或会因为观念的不同，而与父母产生一些隔阂等，这些看似无关紧要的小事，常扰乱我们的心绪。要缓解我们的负面情绪，我们就要以感恩的心态去对待他们，要知道，从小到大父母对我们付出了很多，亲情是世界上最无私的，在任何时候，即便全世界抛弃了你，你的

父母也永远不会抛弃你。

刚刚上课，老教授就面带微笑，走进教室，对同学们说："这堂课，要给大家做一个选择题。"一听到这话，同学都开始议论：做选择题？这可比听课有意思多了。

问卷一发下来，同学们一看，有两个选择题。

1. 他很爱她。她有漂亮的瓜子脸，弯弯的眉毛，面色也极为白皙，美丽动人。然而，有一天，她不幸遇上了车祸，痊愈以后，脸上留下了几道大大的疤痕，很是丑陋。你觉得，他会一如既往地爱她吗？

A. 他一定会　　B. 他一定不会　　C. 他可能会

2. 她很爱他。他是商界精英，温文尔雅，敢打敢拼。突然有一天，他破产了。你觉得，她还会像以前那样爱他吗？

A. 她一定会　　B. 她一定不会　　C. 她可能会

这两个简单的选择题，同学们很快就做好交上了问卷。问卷收上来以后，教授一统计，发现：第一道题，有5%的同学选A，有5%的同学选B，有90%的同学选择了C。第二道题，有20%的同学选了A，20%的同学选B，60%的同学选择了C。

看完同学们的答案，教授笑道："看来，美女毁容比男人破产还让人无法容忍啊。"教授笑了笑，又说道："做这两个题目时，你们潜意识中，是不是把他和她当成恋人关系了呢？"

"是啊。"同学们答得很整齐。

"可是，题目本身并没有明确说他们两个是恋人关系啊？"教授似有深意地看着大家，"现在，大家可以来假设一下，如果，第一道题目中的'他'和'她'是父女关系，第二题中的'她'和'他'是母子关系。让你们把这两道题再重新做一遍，你们还会坚持原本的选择吗？"

当问卷再次发到同学们的手中之后，教室里忽然变得很安静。一张张年轻的面庞变得凝重而深沉。几分钟之后，问卷收了上来，教授再一统计，两道题，同学们全部都选择了 A。

最终，教授用深沉而动情的语调说道："在这个世界上，有一种爱，亘古绵长，无私无求，它不会因为季节的更替而改变，不会因名利的浮沉而变化，这就是父母之爱啊！"

是的，世界上所有的爱都因这样或那样的原因会发生改变，而唯独父母之爱会亘古绵长，无私无求！看过了，想过了，懂得了，就要记住，世界上最爱我们的人就是父母，我们要对他们永远心存感恩。想家了，给父母打个电话吧，过节了给父母发条短信吧，父母其实是很容易满足的，我们一个小小的举动就有可能会给他们带来无限的感动。与父母发生冲突了，要学着去谅解他们的良苦用心。在你还能表达自己对他们的敬意和爱时，不要吝惜自己的时间，不要吝惜自己情感的表达，因为他们对你付出了一生，你也亏欠了他们太多。在父母都还健在的时候，常回家看看，和他们坐下来聊聊天，说说你最近的情况，问问父母的健康，帮他们分担一些家务。多理解父母的唠叨，人老多情，这是再正常不过的事。我们也会有老去的那一天。只要让父母时刻感受到你的关心和孝顺，他们的心灵就会产生莫大的慰藉。与此同时，你的心中也会感到坦然和幸福。

岁月无情催人老，这是一个谁也无法避免的残酷事实。善待自己，就要马上付诸行动，不要等到父母离开我们时才感到无尽的懊悔，当现在成为过去，机会就会变得越来越少了！

## 02. 爱听唠叨话，读懂父母心

生活中，一些年轻人在家中一听到父母的唠叨，就会感到不耐烦或厌烦。我们应该理解父母的良苦用心，其实，为人父母是极不容易的，孩子小的时候照顾其吃穿冷暖，大些时候要供其上学，然后操心孩子的结婚生子等，等真正闲下来的时候却已经老了。

《论语》中说："事父母几谏。见志不从，又敬不违，劳而不怨。"该怎样与我们的父母相处呢？从这句话中我们便能看出。做子女的因为年轻，感觉不到父母的心情，不能体谅他们的空虚无助。因为人老了都会有这种感觉，他们留恋自己的青春，他们回味自己的事业，他们梳理自己的轨迹……就像是一篇文章，临到收尾之时，该总结一下前因后果，抒发一下主旨感情，必要时还得回味一番做到首尾呼应，其实人生何尝不是这样呢？我们能接受文章的这样"絮叨"，父母的这般"唠叨"又有什么不能接受的呢？

又是一年春节时，远在北京工作的王林带着老婆孩子回家过年。他们一家都很高兴，毕竟一家人一年没见父母了。

不过说起父母，王林还是有点担心，没有别的，不是他不孝顺，是因为他害怕一回家父母又在他耳边不停地唠叨，尤其是母亲，一说就没完没了，就像打开了话匣子一样滔滔不绝。她整天聊着东家长李家短的，说到高兴时总把"陈谷子烂芝麻"的事情搬出来，说得津津有味，也不管别人感不感兴趣，是不是在听她讲。

有一次，王林的母亲一手端着饭碗，还一边凑到王林身边，讲她年轻时多么漂亮，讲她小时还是姑娘的时候，还讲她怎么和王林的爸爸认识的……说着说着王林就着急了说："你烦不烦啊？这都给我们讲多少遍了，能不能让我们回来清静一会儿……”顿时，王林的母亲有点不知所措了，因为有儿媳妇在身边，王林的母亲只说了句：“好了，你们不喜欢我就不说了。”其余什么话都没讲。就这样，这个春节过去了，王林当时因为是随口说出的，就没太在意母亲有什么变化。

第二年，他们一家和往年一样回家过春节，父母依然很高兴地把他们接回家。王林担心的事情没有发生，这次母亲并没有唠叨，这让王林很意外。

可后来发现，母亲没有了唠叨的对象很失落，也很郁闷。自从上次王林把母亲说了一通后，母亲只是默默地干活，给他们做好吃的，明显让人感到她没有以前高兴了，有时一个人还默默地发呆。

家里自从没有了母亲的唠叨，王林突然觉得不适应了，氛围也没以前那么活跃了。猛然间，王林觉察到自己似乎忽略了母亲，不应该那样对待自己的父母。他心里想了很多：“小时候，总是有什么事都说给母亲听，母亲总是摸着自己的头微笑着和自己说话。然而现在，自己却不能倾听老人的倾诉……”想着想着，王林落泪了……

从此以后王林学会了倾听母亲的唠叨，总是想方设法求着母亲给自己讲从前的那些事儿，母亲渐渐地又快乐起来，整个家庭又恢复了往日的欢乐。

其实，父母唠叨既是一种爱的表现，也是他们寻求心理慰藉的过程。只要我们能读懂他们的渴求，理解他们的心声，做好一个实心实意的听众，真心地与他们聊当年的事儿，他们就会很快乐，晚年就会过得很踏实、很幸福！

他们不喜欢清静，他们想要的是儿孙满堂，热热闹闹有人说话，有人嘘寒问暖，这就是他们最大的幸福、最好的精神享受！就像小品《粮票的故事》一样，孙子早就厌倦了他的故事，都说自己能背下来了，其实他自己也知道讲过了。可是他老了，他想和自己的儿子、孙子聊天说话，这样就满足了。

每个人都会有老的一天，我们应该孝敬自己的父母。他们年事已高，我们要尽可能陪伴他们，耐心听他们讲“故事”，要理解宽容，容得下他们的“任性”和“唠叨”。趁他们还健在，趁我们还年轻，用我们的体贴温暖父母的内心，做一个合格的孩子，营造一个温馨的家庭！

## 03. 对待父母，最难的就是和颜悦色

生活中，我们常会因为这样或那样的小事与父母发生矛盾或摩擦，这种矛盾会给我们带来各种负面情绪，也给父母带来一定的伤害。这个时候，我们就要学会去反思自己，而不是一味地责怪父母。要知道，自古以来“孝”就是一种美德，而出言不逊、态度不好，就是一种极大的不孝。如此这样去想，就不会对父母的行为或做法有所不满了。

《论语·为政篇》中有语：子夏问孝，子曰：“色难。有事，弟子服其劳；有酒食，先生馔，曾是以为孝乎?”意思为，子夏请教什么是孝，孔子说：“侍奉父母，最不容易的就是对父母和颜悦色。有了事情，儿女去做，有了酒饭让父母吃，这难道就可以算作是孝了吗?”在孔子看来，儿女对父母的尊敬是要发自内心的，是长期不变的。不仅仅是侍奉父母，为父母做力所能及的事、让父母吃好喝好，还要在言行上表现出和颜悦色的神态。面色是一个人内心的反映，最了解子女的是父母，子女的一言一行、一颦一笑父母都会深深地看在眼中，最关注子女的也是父母，子女一个小小的不敬，都会让父母伤心不已。

在生活中，人们很容易遇到一些不开心的事，有时见到了父母可能会口出不逊，态度不好。这也许并不是真的埋怨父母，但父母会以为你对他们不耐烦，或是他们哪里做得不好。父母的爱是深挚的，他们的心也是脆

弱的，儿女一不慎就会伤父母的心，将“孝”大打折扣，这也是所有儿女需要注意的。

张怡在小时候，曾对母亲十分反感。她中学的时候，母亲每天在耳旁唠唠叨叨让她很是不耐烦，最让她无法忍受的是，母亲的固执，那种让她无法从别人身上看见自己的固执，真的让人头疼和气愤。

高考前的三个月，精神高度紧张的张怡患了失眠症，彻夜睡不着觉。去看了很多医生，经调理、吃药都无效。母亲便四处打听医治此病的药方，最后不知从谁那里听说偏方可以治失眠症，便开始四处向人讨要偏方，并经常跑大老远弄回一些奇怪的东西熬成药，自己先试验，灵验了，便让张怡吃。这让张怡极为反感，每次吃药，就像是上刑般难受。可无论张怡如何反抗，母亲都会强逼着她吃下去。有时候，张怡会愤怒地冲她大吼：“你有病吧！”母亲听罢，只是默不作声，私下里掉眼泪。好在一个月后，张怡的失眠症治愈了。

母亲是挺精明的人，她做了几十年的会计工作，不管是账目还是人情往来，只要她出马，必定办得妥妥帖帖，可一到自己女儿身上，就变得糊涂了。她不明白女儿在想什么，喜欢做什么。有一次，母亲不知道为什么便认定张怡与班级中的一名男同学在谈恋爱。为此，她居然到了学校，找到了那位男同学。从此之后，那位关系不错的男同学再也没和张怡说过一句话。张怡得知情况后，狠狠地与母亲大吵了一架，好几天不搭理她。

如今，张怡已经工作十几年，在另一个城市成了家，有了自己的孩子！八岁的女儿是个叛逆的小淘气，小小年纪，总爱跟她顶嘴。有一天，女儿跟同学发生了争执，回到家里，张怡教育她，女儿很不服气地跟她争吵。最终，女儿对她吼道：“妈妈，你真有病！什么事都要管！”那一瞬间，张怡很想哭，想到了自己的远方的老妈。忽然间，她明白了全天下的母亲那种对儿女无休止的爱和担忧。

生活中，很多人都认为，给父母买房子、请保姆，带父母、吃大餐、去旅游就是孝顺父母。其实，物质上给父母的享用，这是最低层面的“孝”；而高层面的“孝”，应该表现为对父母精神上的敬重和感情上的安慰，即为“色难”，和颜悦色地对待他们。

但在现实中，要做到“色难”并不是件容易的事。“色难”难在人在情绪不好的时候，对父母依然保持一颗恭敬的心和谦和的态度。于是，“色难”已经成为衡量一个人孝心的道德标尺。就是说，经常对父母微笑，经常敬重地对待他们，关心他们的精神生活。每天真诚地与父母交谈几分钟——不嫌弃，不抱怨，想对父母发脾气时懂得克制一下，始终和颜悦色地对待他们，他们就会生活得开开心心的。

其实，随时都给父母好脸色，虽是举手之劳的事情，体现一个人的素养，可现实中不管什么情况下都能做到给父母一个好脸色，又实在不是一件容易的事，关键是我们要心怀感恩之情，多想想长辈们的付出和哺育之恩。

真心爱父母，我们应该和颜悦色，从内心深处发出微笑，让他们感到快乐、幸福。

## 04. 别让交朋友成为生活的负累

平时无论在职场中还是在生活中，很多人都希望多结交朋友为自己的事业大厦添砖加瓦，于是，很多人经常会为应酬而奔波，不仅劳心费力，而且也虚耗了很多的薪水或收入。

要知道，我们交朋友的目的是为了找到快乐感或幸福感，如果总带着功利心去透支自己的情感，那只会将自己拖入不快乐的泥潭中。

张霞大学毕业后就到一家公司踏实地做着自己的本职工作。由于她天生是个天真、腼腆的女孩，平时很不善于交际。时间一长，她自己发现公司其他同事间都是有说有笑，而自己却总是插不上嘴，心中很是郁闷。

年终每到同学聚会时，张霞听到同学都会侃侃自己的“人际经”。有的人炫耀自己刚入单位就交了一大帮朋友；有人则吹嘘自己在社会上的人缘如何好、受欢迎，等等。张霞也深受“启发”，她也觉得自己应该提升一下自己的情商，与周围的同事搞好关系了。

后来，张霞总是“没事找事”地想与同事打成一片，但同事却似乎不领她的人情，对她也不怎么友好。一次，她偶然听说下个月是办公室王姐的生日，便打算送对方一个生日礼物，以和对方搞好关系。

王姐是个时尚女性，所以张霞到商场挑了一个漂亮的胸针，并封了一个红包，写上了祝福语。王姐生日的当天，大家都下班后，张霞等其他同事都回家后，才来到王姐的办公室。王姐看到她有些惊讶，但最终还是欣然地接受了礼物。

随后，张霞便陷入了忐忑不安中，尽管自己迈出了第一步，但总是担心：王姐会不会把自己看成一个“马屁精”呢？以后会不会讨厌自己呢？以后该如何和同事们相处呢？……这一连串的问题，使她烦恼不已。

其实，交际的原则应该是顺其自然的，根据自己的职业发展目标，广泛地传播自己的能力与价值，在这个过程中自然可以找到适合自己的交际圈。如果如张霞这样专门为了交际而做出左右为难的事，让自己陷入焦虑之中，显然是得不偿失。

其实，张霞应该以开放、坦诚的心态，勇敢地与同事们沟通，多与之进行交流。在沟通的过程中，双方才能增进了解，培养感情，也才能不费力地与同事们打成一片。很多时候，与其刻意地讨好，不如以真诚的态度善待身边每一个人。另外，与人交往，主动帮助别人也只是“顺手”的事情。只要你心中真正能为他人着想，你随时随地都可以为他人提供帮助。比如，下班后，告诉你的同事哪里有打折的商品。这对你是小事一桩，而同事却可能因此心头一暖。

交朋友只需从身边的人做起，帮助你遇到的每一个人，敞开心扉和每个人沟通，把与人沟通当作一件快乐的事情。长此下去，你一定会有不错的人缘。

## 05. 真正的朋友，不会让你劳神费力

生活中，很多人都会为了交朋友而劳神费力。其实，能让你劳神费力的都不是真正的朋友，与真正的朋友相交是愉快的、轻松的，正所谓：“君子之交淡若水，小人之交甘若醴。君子淡以亲，小人甘以绝。”意思是说，君子间的友情像水一样平淡无味，正因为平淡才能让人有一种清爽的感觉，两者间的关系才能持续得更为长久。

范仲淹在泰州为官的时候，结识了当时年仅二十多岁的富弼。范仲淹一见到富弼就对他大为欣赏，认为他很有才干，便将他的文章推荐给了当时的宰相晏殊，还替他做媒，让他做了晏殊的女婿。

几年以后，因为当时山东一带多有乱兵来骚扰，有些州县的长官看到乱兵来攻打不仅不积极抵抗，而且还开门延纳，以礼相送。几年后，这些乱兵被镇压后，朝廷开始派人追究这些州县长官的责任。当时富弼很是生气地说：“这些官都应该被判死罪，否则的话，就没有人再提倡正气了。”范仲淹则反驳道：“这些县官缺乏兵力，如果进行抵抗的话，受苦的只有老百姓。他们的这种做法，可能是为了保护百姓所采用的权宜之计吧！”因为与富弼意见不同，他们相互争执起来。这时有人就劝富弼说：“你这样做有些过分了，你难道忘记了当初范先生是如何举荐你的吗？”

富弼却说：“我与范先生是君子之交，范先生推荐我并不是因为我

的观点始终与他一样，而是因为我遇到事情都有自己的独到的观点。我怎么能因为要报答他的推荐而随意改变我的观点呢？”范仲淹听到富弼这番话后，甚是高兴，便说：“我之所以欣赏富弼就是因为这个原因啊！”

这就是所谓的“君子之交”，他们相互之间不会因为观点的不同或意见的分歧而产生根本性的矛盾，相互之间交的是心灵，不会被客套与烦琐所累。因为彼此知心，所以，也无须更多的语言，与这样的朋友之交，是人生一种极大的享受。

君子之交淡如水是我们提倡的一种交友之道。但是，现代社会朋友之间因为掺杂了太多的利益得失，功利算计，最终成为心灵中的一大负累。要让友情成为人生的一大享受，就要用一颗真诚的心去对待朋友，以一颗明智的心善待友情，不需要轰轰烈烈的豪言壮语，更不要虚情假意地矫情做作；即便彼此很久不见，心中会有一丝淡淡的思念；见面之时，相视一笑，没有太多的客套，相互间既不互相猜忌，又不互相吹捧，就如白开水一样平淡透明，如此的友情才能持续得更为长久。

## 06. 不要抱怨，学会理解他人

有这样一个故事：

在一个炎炎的夏日，一队人外出去漂流。

大家在玩水的时候，一个女孩子的拖鞋便掉了下去，沉底了。

到岸边的时候，全是晒得很烫的鹅卵石，他们要走一段很长的路。

于是，女孩就向他人寻求帮助，但是他们每个人都只有一双鞋。

女孩子心里很不爽，因为她习惯了向他人寻求帮助，而只要撒娇就会得到满意的答复。

但是，这次却没有。她忽然觉得这些人都很不好，都见死不救。

到后来，有一位男孩子就将自己的拖鞋给了她，然后自己赤脚在那些晒得滚烫的鹅卵石上走了很久的路。还自嘲说道，这是铁板烧。

女孩子对此表示感谢，男孩子对她说，你要牢记，没有谁是必须要帮助你的。

女孩子记住了男孩子的话，从此之后便学会了对需要帮助的人施以援手，并以此为乐。

生活中，我们总是希望得到别人的好。一开始，便对对方感激不尽。但是时间久了，便成为习惯了。当我们习惯了一个人对你的好，便认为是理所当然的。有一天那人突然对你不好了，你便开始怨恨。其实，不是别人对你不好了，而是你要求的变多了。当一个人习惯了得到，便会忘记了别人对他的好，便忘记了感恩，生活中，很多的怨气都是如此滋生而来的。

生活中，我们遇到困难，经常会找人帮忙。别人帮助你，你自然会欣喜；而当遭到拒绝时，我们经常会感到失落，接下来便是无休无止的抱怨。要知道，这个世界上，每个人都是独立存在的个体，有人帮助你，是你的幸运，没人有帮你的义务。所以，当我们遭到拒绝时，千万别抱怨别人的冷漠。你需要冷静下来，用平和的心态反思自己，然后以积极的心态去寻求解决问题的办法。

晓梅和张明夫妇在京城打拼了好几年，他们一直都是租房子住，一直很想有个属于自己的家。于是，两人就开始算计着买房，但是手头的存款连首付都不够，所以，晓梅就想找亲戚借，先贷款把房子买下来，再慢慢还债。于是，他们打了一圈电话去寻求帮助。

张明打给自己多年的哥们儿，对方一听说是借钱买房的事，就推说自己最近生意上赔了很多钱。虽然，张明明显地感觉对方的口气有些冷淡，但还是想让对方帮自己一把，晓梅在旁边听了，知道对方是有意推脱，心中很是不满。

后来，晓梅打电话给自己最好的朋友刘兰，刘兰一听，就赶紧说了一通自己现在的经济状况是如何如何的困难。晓梅听到那种语气，心一下子凉了。她挂断电话后，一直对张明抱怨连连，双方都陷入痛苦之中。

生活中，我们一般人都认为，自己有困难，别人就应该帮助，尤其是平时跟自己最近的人。抱着这样的心态，当我们遭到拒绝之后，就会恼羞成怒，甚至怨天尤人，抱怨连连，置自己于痛苦之中。

其实，朋友不是不帮你，也许他也有难言之隐帮不上你。假如你总是抱怨甚至痛恨朋友，从此失去一个好朋友，得不偿失。与其这样，为何不主动站在对方的角度，为对方多想想呢？

## 07. 相逢一笑泯恩仇：与对手握手言和

每个人的生活中，都有一些潜在的对手：生意上的同行，职业发展道路上的竞争对手，考场上的同伴，与你同一届的竞选对手……谈及对手，总是让人想起“战争”，想起“势不两立”，想起“你死我活”……很多人遇到对手，便会怒气冲天，以敌视的态度面对他们。但是，真正的智者，会对对手心存感激。

一位动物学家对生活在非洲大草原奥兰治河两岸的羚羊群进行过研究，他发现东岸羚羊群的繁殖能力比西岸的强，奔跑速度也不一样，每一分钟要比西岸的快 13 米。

对这些差别这位动物学家百思不得其解，因为这些羚羊的自下而上环境和属类是一样的，有一年，他在动物保护协会的协助下，在东西两岸各捉了十只羚羊，把它们送到对岸，结果运到东岸的十只剩下三只，那七只全被狼吃掉了。

这位动物学家明白了，东岸的羚羊之所以强健，是因为在它们附近生活着一个狼群，西岸的羚羊之所以弱小，正是因为缺少这么一群天敌。

大自然的法则就是“物竞天择，适者生存”。没有对手，就没有发展，没有对手，自己就不会强大，没有敌人，谈什么胜利。也就是说，你现在的强大和优秀，很多时候都源于你的对手。正如一位哲人所说，任何学习，都比不上一个人在与对手较量的时候学得迅速、深刻和持久，因为它能使人更深入地了解社会，接触社会现实，使个人得到提升与锻炼，从而为自己铺就一条成功之路。所以，从一定程度上来说，我们应该感激那些对手、敌人，正是因为他们，才加速了自己成功的步伐。如果你能以一种宽容、感激的心态去对待你的对手，那么，你将不再是一个悲观消极，面对失败、挫折、苦难掩面而泣的人，你也会成为一个无往而不胜的勇士。

所以，当我们走出困境或是取得成功的时候，在感谢那些曾经伸手帮助过自己的人以外，最应该做的就是敞开胸怀去感谢你的对手。因为，你当下所取得的成就，对手所起的作用与朋友是大体相当的，甚至还远远地超越了你的朋友，因为成功需要顶住巨大的压力，从某种意义上是对手给了你“反弹力”。但是，做到发自内心地感谢对手不是件容易事，因为它需要宽广的胸襟。

在康熙60岁大寿时，举行了一场盛大的“千叟宴”。在宴会即将结束时，康熙拿出老祖宗留下的大铜碗，装了满满三大杯酒。第一杯酒，康熙敬孝庄皇太后，感谢她帮助自己登上了帝位，并教他如何做一位好皇帝。第二杯酒，康熙敬天下臣民，感谢他们为江山社稷所做的贡献。当他端起第三杯酒的时候，众人屏息以待，都想知道谁是康熙要敬的第三个大恩人。然而，康熙给出的答案却出人意料。他缓缓地说：“第三杯酒，我要敬给朕的那些死敌们。鳌拜、郑经、吴三桂、噶尔丹，还有朱三太子，他们都是英雄豪杰。他们逼着朕立下了丰功伟业，朕恨他们，但也敬他们，是他们造就了朕……”

暂且不说康熙的执政是多么英明，就这三句感谢的话，尤其是对死敌们的感谢，就足以让大清帝国万里乾坤。不是所有人都能够拥有康熙那样的胸襟，他身上的这种气度的确是值得人敬仰。所以，在成功时，我们要学会感谢我们的对手，如果没有对手，我们就不可能释放出自己最大的潜能来。可以说在很多情况下，是对手在迫使我们不断地前进，不断地超越。

## 08. 和气生财：辩论不伤感情

在生意场上与人谈判时，经常会因为一句敏感的话，或者因为利益纷争而发生这样或那样的争吵，进而与谈判方发生争吵、翻脸甚至结仇的事情。这不仅让生意或合作泡汤，而且还损害了自我形象，甚至还会给自己的工作、生活和事业带来一些负面的影响，进而让自己陷入无尽的痛苦和烦恼之中。

肖林是广州一家贸易公司的业务经理，有一次他代表公司去一家公司进行商业谈判，双方因为商品价格问题发生了很大的分歧。肖林当时十分生气，明明自己报的是市场价，而对方却认为肖林做人不地道，肖林也回了句：“做人地不地道不是由你说了算的！”这时，对方代表却突然站起来，直奔肖林面前，然后挥舞着愤怒的拳头，对他大发雷霆地说：“肖林，我们以前合作过多少次了，真能看出来你是一个无利不图的奸商！我有绝对的理由说你做人不地道！”肖林当时也怒火中烧，便顾不得许多，与对方恣意地谩骂了起来，双方还差一点动起手来。

最终，谈判没有往下进行，双方就不欢而散。肖林当月因为没有完成销售任务而被扣了奖金。后来，那个客户又打电话给肖林的领导，说肖林当众骂人之类的话，两个月后，肖林因为失去了一位大客户，给公司告成了一定的损失，就被降了职，心中极度地痛苦。

中国自古就有“和气生财”的训言，做生意要想获得更多的利润，和气、信誉是首要的。所以，在谈判桌上与客户发生冲突或矛盾，首先不要感情用事，不能因争一时之高低而丧失理智，最好能尽快地冷静下来，放下过多的计较，不妨让他一“墙”，才能最终圆满地达到自己的目标。就算遇到对方恶意的言语攻击，也要学会忍让，不要感情用事，生意做不了，情谊还是要保留。否则，不但让生意泡汤，还会给人留下不良的印象，从而失去好人缘。

其实，“忍让”中的“让”不是一种无能的表现，更不是低人一等的表现，而是一种大度的风格，一种高尚的情操，它是处理人际摩擦、矛盾的黏合剂，也是使心灵获得快乐的重要秘诀。心平气和地忍一时才能迎来风平浪静，潇洒大度地退一步才能欣赏海阔天空。人与人之间只有相互谦让，才能其乐融融；只有多一些宽容与理解，才能和睦相处，才能多一些快乐，少一些烦恼。为此，在与人相处中，我们如果能够放下计较，敞开心胸，肯让一“步”，那么，我们的生活便会增添许多幸福和快乐，烦恼和痛苦也就不存在了。

## 09. 容纳他人，就是接纳自我

我们很多时候与人较劲、生闷气，最重要的原因是心胸狭窄，内心无法真正地容纳他人。所以，要想从根源上让自己不常生气，无论与何人交往，首要的是学会敞开心胸去接纳对方，接纳对方的优点与缺点。这样，对方无论对你做出什么，你都不会与之较真儿、生气。

一位哲人说，接纳他人，其实就是接纳自我。一个真正能敞开心胸接纳他人的人，就是接纳自我，让自己获得畅快。容纳是一种自信而有力量的表现。而不自信和缺少力量的人，则多缺乏容纳吞吐的胸怀。这样的人终会因心胸的狭窄而陷入负面情绪的泥潭中，有时甚至也会害了自己。

有这样一个真实的故事：

一位从战场归来的士兵，从旧金山打电话给他的父母，并且告诉他们："爸妈，我回来了，但是我有一个不情之请。我想带一个朋友同我一起回家。"

"当然好啊!"父母都喜出望外地说。

不过，儿子继续说："可是有件事情，我要告诉你们，他在战争中受了重伤，少了一条胳膊和一只脚，他现在走投无路，我想请他回家和我们一起生活。"

"儿子，我很遗憾，不过，我们可以想办法帮他找个安身之处。"父亲遗憾地说。

"为什么不能让他和我们一起生活呢?"儿子伤心地说。

"你要明白你在说些什么，像他这样的残障人士，只会给我们的生活造成极大的负担。我们还有自己的生活要过，不能让他破坏了我们的生活。我建议你先回家，然后慢慢地把他忘了。他会找到自己的一片天空的。"听罢此话，儿子就挂上了电话。

从此之后，他的父母则再也得不到关于他的任何消息了。

几天过后，这对父母接到了来自旧金山警察局的电话，告诉他们，他们亲爱的儿子已经坠楼身亡了。警方认为这只是单纯的自杀案件。于是，他们伤心欲绝地飞往旧金山，并在警方的带领下到停尸间去辨认儿子的遗体。

那个尸体就是他们的儿子，但是令他们惊讶的是，他们的儿子居然只有一条胳膊和一条腿。

故事中的父母与生活中的多数人一样，都喜欢接纳仪容较好的人或是谈吐风趣的人，而对那些会给我们造成不便的人却会拒绝。我们总是宁愿与那些不如我们健康、美丽或者聪明的人们保持一定的距离，殊不知，很多时候，你拒绝他人，就是在排挤自我。

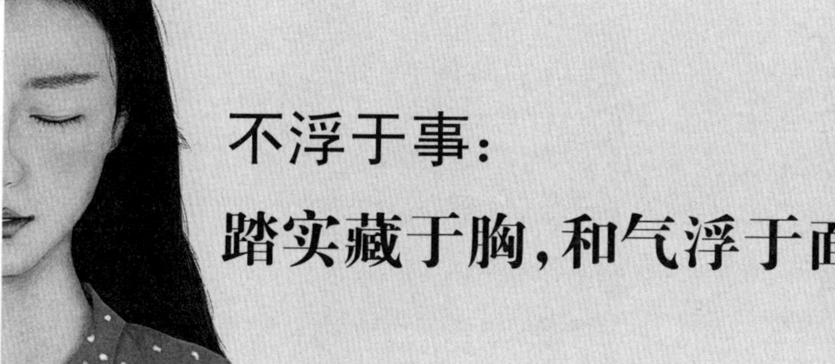

# 不浮于事：踏实藏于胸，和气浮于面

不浮于事，就是做人做事要踏实、勤恳、努力，不浮躁，懂得隐忍。无论在什么时候都能专注于当下的工作或事情，不图虚名，不谋私利，将工作或事情做到最好。另外，遇事不慌不乱，不急躁，能沉得住气。同时，遇事能“忍”，是在情绪激动时不做决定的一种踏实、沉稳的气质。能做到“闲时不荒，忙时不慌”，能沉着应对人生一切不顺的际遇，这样的人，其人生也是和谐和幸福的。

# 第九章

# 人之所以会急躁，是因为内在的智慧不够
## ——沉得住气，方能成大器

生活中，很多人“浮于事”的表现就是急躁，一遇事便着急、担心或者只要有任务或事情去做，就马上动手去做，既不认真准备，又无周密计划。他们遇到烦琐的事，恨不得来个“快刀斩乱麻”，一下子就想解决问题，问题一旦解决不了，就会产生挫败感，心神不宁。他们听不进去别人的意见与建议，时常会对提意见或建议的人大发雷霆……自己的神经好像上紧的发条一样，仿佛永远无法平静下来！这种急躁的心态，其内在的原因就是智慧不够，不能沉着冷静。要知道，一个人遇事只有沉得住气，才能成大器，太过急躁就会坏事。一个人只有沉得住气，立足于本职，踏实勤奋，才能在工作中砥砺低调谦和的品质，才能登上事业的高峰，收获成功与幸福的果实。

### 01. 内心急躁，多是因为智慧不够

急躁，是快节奏的现代都市人普遍的心理状态，生活中，你可能经常被这样的心理体验所困扰：同事被提拔了，自己便着急起来，加班加点，急于干出点成绩来，结果身体不配合，先垮了下来；大学毕业没几年的老同学已经买了房，自己却还在飘飘游游，居无定所，不由得自惭形秽，为

了安居而烦躁；邻居的小孩已经被送到国外读书了，自己的小孩还在一所普通中学里蜗牛爬，于是每天都着急想赶紧教育好小孩，一意孤行想让孩子出国……殊不知，这种急躁的心理一旦形成，很有可能会害人害己。

《世说新语》中记载了这样一个事例：“王蓝田性急。尝食鸡子，以筯刺之不得，便大怒，举以掷地，鸡子于地圆转未止，乃下地以屐齿碾之。又不得，瞋甚，复于地取内口中，啮破即吐之。”这个故事中的王蓝田是极为急躁的，读罢这个故事我们不妨先想想，看自己是否也经常处于这样急躁的状态中。

星期天，张波与一伙朋友闲聊时谈及一位朋友：“那个家伙什么都好，就是有个毛病，脾气太过暴躁，爱生气。”谁知，被说的那个人刚好路过，听到了这句话，马上怒火中烧，立即冲进屋中，捉住张波，拳打脚踢，一顿暴打。

众人赶忙上前劝架说道：“有什么话，好好说，为何非要动手打人呢？”而对方则怒气冲冲地说道：“此人在背后说我坏话，还冤枉我脾气暴躁，爱生气，所以就该打！”众人听罢，便说道：“人家没有冤枉你啊，看你现在的样子，不是脾气暴躁是什么呢？”对方立即哑口无言，灰溜溜地走了。

情商低的人，遇到一点不顺心或不愉快的事就会怒不可遏，任由自己的情绪胡乱发泄，结果只会让事情变得越来越糟糕。一个真正富有智慧的人，其内在思想是丰盈的，他对这个世界、对社会和人生都有一套较为完整的看法，所以，无论遇到何事何人都会保持淡定和从容。同时，他们无论在任何情况下，都会及时转换心态，获得快乐。

著名作家史铁生说，真正有大智慧和大才华的人，必定是沉得住气的。才华和智慧就像悬在其精神深处的皎洁明月，早已经照彻了他们的心性。他们的眼神是慈祥的，脸色是和蔼的，腰身是谦恭的，心底是平和的，灵魂是宁静的。正所谓，大智慧大智若愚，大才华朴实无华。而那些心情急躁的人，内心往往是虚弱的，遇事只会高声叫嚷、上蹿下跳，或者得势时会招摇显摆，显得骄矜浅薄。而内心淡定之人，其一辈子都像在喝茶，水是沸的，心却是静的。一几、一壶、一人、一幽谷，浅斟慢品，任尘世浮华，似眼前不绝升腾的水雾，氤氲，缭绕，飘散。

其实，在生活中，我们每个人都可能有这样的体验：阅历越深对人和事就会越宽容，这其实不是对自我的一种接纳，是一种智慧。所以，我们在任何时候，都要管理好自己的情绪，处处做到冷静。心灵的慌乱或怨气等，与他人之间的不和气，恰恰就彰显了你人生的短板。

智慧之人大都是平和的，因为其有厚实的内在知识底蕴做支撑，就不会去计较个人的得与失，更不会在乎周围人对他的冒犯，也不会在乎他人的误解和世俗偏见对自己的评价，因为他的内心本身就是一个完美的世界，为此他不会色厉内荏，外强中干，更不会随意对人发脾气。这样的人，对自己与周围的人和世界都有极为强大的信念，这种信念能让他坚持自我原则，与世界万物和谐地相处。

一个富有智慧的人，内心是强大的，其有开放的意识与开放的心态，对于任何不同的声音，他都能够认真听进去，然后能用自己的逻辑、常识、常理、直觉、经验以及科学的方法去检验，所以他对于他人冒犯性的行为和话语不会轻易发怒，而是会理智且和谐地解决与他人的冲突和矛盾。

所以，如果你是一个遇事急躁，易生气、发怒的人，那就先去丰盈自己的内心，增添自己的智慧吧！

## 02. 学会耐心等待

在生活、工作中，很多人常常会期待凡事一步到位，当然这仅仅是一种美好的愿望而已。比如，电脑的配置不能一步到位，家电的选择不能一步到位，科技的更新不能一步到位，产品的换代也无法一步到位——天下有成之事都不可能一蹴而就。

历史的经验告诉我们，要成为强者，除了要有坚定的意志，更要拥有一种善于等待时机的心智。楚庄王昏隐三年，越王勾践忍辱也三年。每一个成功者大都有一段低沉苦闷的日子，我们甚至可以想象他们为了基本生存而挣扎时的窘迫。然而他们终究一鸣惊人，终究“三千越甲可吞吴”，这是胸怀坚忍的结果，更是善于等待的回报。

一鸣惊人的人，肯定是默默无闻地经历过一个相当长的时期；豁然开朗的境界，必然要经过一段昏暗狭窄的路程；领略无限的风光，也一定是通过一番艰辛地攀登之后。

等待并不是静止不动，而是一旦要动，就是一跃千里。等待时机，是怎样的时机？是天时之机，是地利之机，是人和之机。等待时机，体现了一个人深谋远虑的大智。

三国时期的诸葛亮，隐于山林十数年，他是真正如陶潜般陶醉于田园吗？显然不是。他是在等待时机，等待一个可遇而不可求的机会。虽身居山林，却早已将世间势态尽收眼底，终究等来了“三顾茅庐”的明君。

诸葛亮三岁丧母，八岁丧父，与姐弟一起跟随由袁术任命为豫章太守的叔父诸葛玄，到豫章赴任。而不久后，东汉朝廷派朱皓取代了诸葛玄之职，遂又去投奔故交，荆州牧刘表。

建安二年（公元 197 年），诸葛玄病逝。诸葛亮和姐弟失去了生活依靠，便移居南阳。17岁的诸葛亮与友人徐庶等从师于水镜先生司马徽。但看到刘表昏庸无能，并非命世之主，于是结庐南阳卧龙岗隐居，被人称为“卧龙先生”。

这一隐，就是十年。其间，他广交江南名士，“每自比于管仲、乐毅”，爱唱《梁父吟》，结交庞德公、庞统、司马徽、黄承彦、石广元、崔州平、徐庶等名士。其智谋为大家所公认，有匡天下之志。他密切注意时局的发展，故对天下形势了如指掌。

终于在建安十二年（公元207年），诸葛亮27岁时，刘备三顾茅庐，得见诸葛亮，问一统天下之计。诸葛亮精辟地分析了当时的形势，提出了首先夺取荆、益作为根据地，对内改革政治，对外联合孙权；南抚夷越，西和诸戎，等待时机，两路出兵北伐，从而统一全国的战略思想。这次谈话即是著名的《隆中对》。

刘备听了诸葛亮一番精辟透彻的分析，思想豁然开朗。深感诸葛亮是难得的人才，于是恳切地拜请出山。至此，诸葛亮终遇明主，结束了“卧龙十年”的隐居生活。之后，他辅佐刘备匡扶天下，终成帝业。

当我们能力不足、基础不稳时，应努力“蓄势”，就像燕子衔泥般地积累。当一只小鹰羽翼未丰时，它一次次飞向矮墙，是在为有朝一日搏击长空而练习；一旦羽翼丰满，定会一飞冲天、振翅翱翔。

我们心怀一个目标，就要想方设法去达到。当遭遇困境无计可施时，就不要再一味鲁莽向前。不妨暂停下来，养精蓄锐也好，韬光养晦也罢，沉下心来看清前后的道路，莫让浮云遮望眼，静待时机的到来。

等待不是消极，更不是怯懦。等待时机的来临，并紧紧抓住，就是为成功奠基。

在地中海东岸的沙漠中，生长着一种蒲公英。

它并不是按季节来舒展自己的生命的，如果没有雨，它们一生一世都不开花。

但是只要有一场雨，无论何时落下，哪怕雨量再小、时间再短，它们都会抓住这一难得的机会，迅速张开自己的花瓣，并抢在雨水被蒸发干之前，做完受孕、结籽、传播等所有的事情。

中东地区的居民常将它作为礼物送给亲友，因为把它埋在花盆里，只要浇水就会开花。犹太人就有这样的习俗，常常把它赠送给拥有智慧而又贫穷的人。他们认为，在这个世界上，穷人发展自己、提升自己的机会就像沙漠里的雨水一样少；但是只要拥有了沙漠蒲公英的品性，坚韧生长，默默等待，机会来临时就果敢地抓住，利用一切条件努力向上，就一定能成为了不起的人。

有时，我们的处境就如同沙漠里的蒲公英，转瞬即逝的机会就是沙漠里珍贵而又稀少的雨滴。只有在每一个干旱恶劣的日子里默默积累力量，才能在得来不易的甘霖中舒展生命。

种子因为努力和等待日益成长，而我们每一个人也只有经过努力并学会等待时机，才能接近成功。

## 03. 遇事不慌张，要沉得住气

人的一生自有沉浮，当我们遇到突发事件时，要沉得住气，做到猝然临之心不惊，以冷静的态度应对；当目标没有达成时，要沉住气，学会忍耐，等待机遇，继续努力；当遇到挫折或者失利时，要沉住气，心态平和，靠毅力咬紧牙关。记住：能够沉住气，才能成大器。然而，在现代激烈的竞争压力下，许多人都变得浮躁、沉不住气。有的人因为一时的成功得意而沉不住气，结果乐极生悲；有的人则因为失意、斗气而沉不住气，从此一蹶不振或悲观失意；有的人因为委屈、受冤而沉不住气，置自己于痛苦中。然而，凡成大事者往往都有超乎寻常的意志力，无论胜败荣辱，都能够沉得住气，顶得住。在遇到困难的时候，内心居于安乐；在地位贫贱的时候，内心居于高贵；在受冤屈而不得伸的时候，内心居于广大宽敞，就会无往而不泰然处之。在各种困境中耐得住寂寞，守得住考验，经受住历练，沉得住气，才成得了大器。

遇事要冷静，紧要关头只有冷静才能解决问题。事实上，人在什么时候都应当沉着而不应感情用事，这不仅是成功的秘诀，而且是战胜困难、解决问题的最佳的妙法。

有一位商人，在外苦心努力，终于攒下了一大笔钱。于是就准备结束自己前半生的漂泊生活，衣锦还乡与妻儿团聚，享受平静的田园生活。

当时，社会动荡，时常有劫匪在路上抢劫。商人身着一件旧布衣衫，一双平底布鞋，扮作一个风餐露宿的行路人。他把所有的钱都用来购置了玉器，有道是黄金有价玉无价。他还为此特制了一把油纸伞，将粗大的竹柄关节全部打通，把珠宝玉器全部放入。身藏万贯家私，却貌似贫寒之士，他就这样轻轻松松地上路了。

果然好计谋！行路多日，无人打扰。这天中午到了唐家寺，天下起小雨。他来到了一个小面馆，要了一碗香喷喷的面。吃饱之后，不觉倦意难挡，外面又下着小雨，他不觉双手撑腮，打了一个盹。

一阵清凉的风吹醒了商人，天已黑了。揉揉眼，猛然间却发现油纸伞不见了踪迹，一阵冷汗冒了出来——这把伞可是他的身家性命。

但商人不露声色，沉着冷静。仔细分析有可能遭遇到的情况：他看到自己手里的小包袱完好无损，就大概能断定并没有人专门行窃。一定是有人只顾方便，顺手牵羊取走了自己的雨伞。

沉吟片刻，商人有了主意。他叫来掌柜，说自己看中了这个小镇，请掌柜帮忙租个房子。

掌柜帮他在交通要道上租了个小房子。商人说，自己也不会什么别的技能，只会修伞。于是，一间极小的修伞店在路边打起了招牌。

他待人和气，心灵手巧，颇有人缘，人们都愿把伞拿到他那里去修理。谁也不知道这个小小的手艺人其实是腰缠万贯的富商，谁也不知道他每天谦和的笑脸背后掩藏着一颗紧张焦灼的心。他每时每刻都在等待着那把油纸伞的出现，经过他手的伞成千上万，却唯独没有他要的那一把。

一天，他接了一把破旧的伞，主人漫不经心地说："一把破伞值不了几个钱，反倒要花不少钱去修，太费事就算了。"

言者无意，听者有心。一句不经意的话启发了商人：自己的那把油纸伞也恐怕破得不能再修了……于是，商人又想了一个好办法。

第二天，过往的行人看到一条新鲜的广告：油纸雨伞以旧换新。人们纷纷询问，得到肯定的答复后，消息立刻传开了。

不久，来了一个中年人，腋下夹着一把油纸伞，恰是商人心系魂索的那把。

可此时商人仍然不动声色地收下了破雨伞，犀利的目光一扫，就查到伞柄处完好无损。

他转身在店里挑了一把最好的雨伞递给来者，然后徐徐关了店门。

打开伞柄，商人看到了他的全部玉器，他竟瘫坐在地上，半日无语。

第二天，修伞店很晚还没有开门。一打听，才知已是人去屋空。

商人悄悄地来到这里，又悄悄地走了。再以后，这个故事流传开来，当地人才恍然大悟，纷纷赞叹着商人的沉着、冷静和睿智。

在面对险境的时候，切莫惊慌失措，被眼前的乱局吓倒。慌乱只会让事情变得无章可循，从而更加引起内心的惶恐。其实，只要镇定地站在危厄面前，它自然就找不到空隙来打击你。

遇到危险，沉着应对可化险为夷；面对意外，冷静处理能够转危为安。很多时候，沉着、冷静的心态是脱离险境、减小损失的最佳选择。同时，镇定不慌也是一种修养、一种智慧。智者的坚定不过是把焦虑深藏于心。

## 04. 专心致志做好眼前事

荀子在《劝学》中说得好："蚓无爪牙之利，筋骨之强，上食埃土，下饮黄泉，用心一也。"即使底子再薄弱、力量再微小，只要专一，最终也能达到目标。古代棋艺高手弈秋教二人下棋的故事，想必我们早已耳熟能详。专心致志听讲的人肯定能够学到真本领；而一心想着引弓射鸿鹄的人，能够学到一些皮毛就已经很不错了。

一个人如果心中不专一、做事不专注，必会荒芜一生；相反，如果能够把全部的精力倾注在眼下正在做的这件事上，那么终究会取得优秀的成绩。

戴尔・泰勒是美国西雅图一所著名教堂德高望重的牧师。20 世纪 60 年代的某一天，他向学生宣布：谁要是能背出《马太福音》第五章到第七章的全部内容，他就邀请谁到西雅图的"太空针"高塔餐厅免费用餐。

这太空针高塔高 185 米，登上高塔餐厅可以一览西雅图的美景。另外，那里的甜点也是孩子们向往的美味，可以说那是每个孩子都梦想去的地方。但是要获得这个机会并非易事，因为圣经《马太福音》第五章到第七章又称"山上宝训"，是圣经中的著名篇章，有几万字的篇幅，而且不押韵，要背诵全文有相当大的难度。

但是有一天，一个 11 岁的学生胸有成竹地坐在戴尔・泰勒牧师面前，以孩子特有的童音从头到尾一字不漏地把原文背下来，没出一点差错，而且到了最后，竟成了声情并茂的朗诵。泰勒牧师惊讶地张大了嘴巴。要知道真正的圣经门徒能背诵全文的也是少有的，更何况是一个孩子！

牧师不禁好奇地问："你是如何背下这么长的文字的？"

这个孩子不假思索地回答："我只是专心致志地去背。"

16年后，这个孩子成了一家知名软件公司的老板，他的名字叫比尔·盖茨。

在人生的道路上，客观原因起一定的作用，但个人的主观努力却是最根本的。比尔·盖茨无论是对《圣经》的背诵还是后来他所取得的伟大成就，都得益于他总是集中精力去做好眼前的事。比尔·盖茨的竭尽全力向我们昭示了这样的道理：一个人要想有所成就，就要重视内因的积极作用，用专心致志的精神去叩开成功的大门。

分散精力很容易一事无成。生活中很多人之所以没有实现早年确定的目标，大都是因为他们容易见异思迁，注意力也就难免被分散了。如果不能专心致志地做事，便只能探究到事物的表层。真正有所建树的大家都是集中精力专注某一领域，并且坚持不懈地去探索，最终创造出前人无法企及的成果。

几十年前，波兰有个叫玛妮雅的小姑娘，学习非常专心，不管周围怎么吵闹，都分散不了她的注意力。

一次，玛妮雅在做功课，她姐姐和同学在她面前唱歌、跳舞、做游戏。玛妮雅就像没看见一样，在一旁专心地看书。

姐姐和同学们想试探她一下。她们悄悄地在玛妮雅身后搭起几把椅子，只要她一动，椅子就会倒下来。时间一分一秒地过去了，玛妮雅读完了一本书，椅子仍然竖在那儿。

从此姐姐和同学们再也不逗她了，而且像玛妮雅一样专心读书，认真学习。

玛妮雅长大以后，成为一个伟大的科学家，她就是居里夫人。

尽管有的人能够不断地产生新的目标、新的规划和思想，但是当要开始实行某一计划、着手去做具体事情时，他们却很难专注下去。三心二意只能说明他们不知道真正的目标在哪里，因此所有的事情都将无果而终。所以说，专注是成就事业的基石，不少成功者都是依靠这一法则在社会中立足的。

我国地质学的创始人李四光，有一次搞研究，天色已晚却仍然没有回家。他偶尔一抬头，用余光看到有一个小女孩站在桌边。

他一面继续工作，一面亲切地问："你是谁家的小姑娘啊？这么晚还不回家，你的妈妈不着急吗？"

小女孩喊了一声"爸爸"。李四光抬头一看，原来这个小女孩是自己的女儿，是来叫他回家吃饭的。

PMA 训练教程中"专心"的定义是这样的：专心就是把意识集中在某个特定欲望上，并要一直集中到已经找出实现这项欲望的方法，而且成功地将其付诸实际行动为止。

可见，成功是需要"聚焦"的，只有把自己的精力用在我们最擅长的方面，才能获得最大的收获。

## 05. 心浮气躁是人生的大敌

"科技创新应远离浮躁！""人生是短暂的，所以我总是尽量多学习，多做些事情。"

这是 2010 年伊始，获得中国科技界的最高桂冠——国家最高科学技术奖的谷超豪的心声。

他是中国科学院院士、复旦大学数学研究所名誉所长；他在 2008 年被授予"上海教育功臣"荣誉称号；2009 年，紫金山天文台以他的名字命名了一颗小行星。

然而，他的名言却是：

"学海茫茫欲问之，惜阴岂止少年时。秉烛求索不觉晚，折得奇花三两枝。"

何等寂寞，何等求索，又是何等心甘于科研。

没有一蹴而就、立等可取的捷径，也无须锱铢必较、患得患失的算计，更拒绝浮夸吹嘘、急功近利的作风，这便是摒弃了浮躁。

浮躁，是人生的天敌。一个浮躁的人，必然缺乏凝神聚魂的定力，缺乏拼杀搏击的勇猛。一颗浮躁的心，必然是无根的浮萍，缺乏内涵与魅力。试想，一个人如果心生浮躁之气，必定心神不宁，躁气附身。如此坐立难安，哪还有谋事之心、立业之志？浮躁是一种不健康的心理状态和情绪，是成功路上的绊脚石。一旦心浮气躁，人就会变得盲目、浅薄和暴躁，就会被社会的急流所挟裹，耐不住寂寞，经不起挫折，干不成事业，最终一事无成。

古人训导有言：“非淡泊无以明志，非宁静无以致远。”古往今来，凡是成就事业之人，无不是淡泊名利、远离浮躁、意志坚定而又百折不挠之人。我国的文化巨擘季羡林就是一位“拂去尘埃一身轻”，被后人无比敬仰的学者。

季羡林精通12国语言，曾任多项学术职务，堪称一代国学大师。

不过，对于加在自己头上的“国学大师”、“学界泰斗”、“国宝”这三顶桂冠，季羡林却主动请辞。

被戴上“大师”的桂冠，他浑身起鸡皮疙瘩；被尊为“泰斗”，他说“我这般人天下皆是”；被称为“国宝”，让他极为惊愕“我可不是大熊猫”。

季羡林曾在《病榻杂记》中廓清了他是如何看待这些年外界加在自己头上的桂冠的，他表示：“三顶桂冠一摘，还了我一个自由自在身。身上的泡沫洗掉了，露出了真面目，皆大欢喜。”

如此，季羡林留给我们的不仅是那炉火纯青、登峰造极的学问，更是那种“三辞桂冠”、专心治学的求实作风和远离浮躁、甘于淡泊的精神，在“大师”头衔遍地的当今社会，这无疑是留给后人的一笔宝贵的精神财富。

人的属性中都具有一种自然的“弹性”，对自己的“膨化”放松很容易，而把握心境、战胜自己却相对较难。凡成事者，要心存高远，更要脚踏实地。枯燥无味时，忍于寂寞；纷繁动乱中，守住清静。人心谋定而动，但顾努力耕耘，不问收获多少，乃至只顾种福而不求享福，才是最有福的人生。

许多年前，美国兴起石油开采热。有一个雄心壮志的青年，也来到了采油区。

起初，他的本职工作是检查石油罐盖自动焊接得是否完全，以确保石油被安全地储存。每天，青年都会上百次地监视着机器的同一套动作。首先是石油罐通过输送带被移送至旋转台上，然后焊接剂自动滴下，沿着盖子回转一周，最后，油罐下线入库。他的任务就是监控这道工序，从早到晚，检查几百个石油罐，日日如此。

这的确让人感到简单而枯燥。对此，青年觉得很不满足，以自己的能力做这样的工作岂不是浪费？于是他便找主管请求调换工作。

主管听后冷冷地说：“你要么好好干，要么另谋出路。”

青年涨红了脸，回去后冷静下来仔细一想，自己为何不能在平凡的岗位上发挥潜力，把工作做得更好呢？于是，青年塌下心来，即使每天重复百遍，他也一丝不苟。

一天，他注意到一个非常有意思的细节：他发现在机器上百次重复的动作中，罐子旋转一次，一定会滴落 39 滴焊接剂，但却总会有那么一两滴没有起到作用。于是他想，如果能将焊接剂减少一两滴，这将会节省不少。经过仔细研究后，青年研制出了“37 滴型焊接机”。但是这种机器在运作时会有漏油的现象，于是他很快又研制出了“38 滴型焊接机”。

这样，公司每焊一个石油罐盖，便会节省一滴焊接剂。虽然每个盖子节省的只是一滴，但正是这“一滴”却给公司带来了每年五亿美元的利润。

这个青年，就是日后掌控美国石油业的石油大亨——约翰·戴维森·洛克菲勒。

只有踏踏实实做人，兢兢业业工作，才能取得实实在在的成果。

置身于日新月异的时代中，要想不断提高修养、丰富自身内涵，就必须做到心无旁骛，冷静思考，点滴积累。只有摒弃心浮气躁，才能在扎实奋斗中固守住自己的定力；而沉不住气、稳不住神，将永远无法体味长远人生的真谛。

## 06. 要有耐心：心急吃不了热豆腐

海尔总裁张瑞敏说："成就从来不是急出来的，急功近利只会让人误入歧途。"其实，一个人成功的因素有很多，但摆在最后"压轴"的恐怕要数耐心了。耐心就是甘于把时间投入到简单、枯燥但最终会意义非凡的重复当中去。耐心的意义在生活中得到充分的体现，一方面可以让我们积蓄力量；另一方面，只有历尽艰辛、努力奋斗而实现的愿望，才更加令人满足。有句谚语说"心急吃不了热豆腐"，正说明耐心是成功的关键因素之一。

一针一线细心缝制的帆，才能迅速而安全地将我们送到成功的彼岸；用焦急与浮躁打造出的船，只能将我们埋葬在失败的汪洋大海中。一个人只有摆脱了速成心理，一步一步地积极努力，步步为营，才能达成最初的目标。

齐白石是中国近代画坛的一代宗师。齐白石不仅擅长书画，还对篆刻有极高的造诣，但他也并非天生就有这方面的天赋，也是经过了非常刻苦的磨炼和不懈的努力，才把篆刻艺术练就到出神入化的境界。

齐白石年轻时就特别喜爱篆刻，但自己的篆刻技术总是不那么令人满意。于是，他向一位老篆刻艺人虚心求教，老篆刻家对他说："你去挑一担础石回家，刻好了之后全部磨掉，磨完后再刻。等到这一担石头都变成了泥浆，那时你的印就刻好了。"

齐白石就按照老篆刻师的话一丝不苟地去做。他挑了一担础石，夜以继日地刻着。刻好了把它们磨平，磨平了再刻，手上不知起了多少个血泡。

日复一日，年复一年，础石越来越少，而地上淤积的泥浆却越来越厚。最后，一担础石终于统统都被"化石为泥"了。

齐白石成功的诀窍，就是对待事情的耐心与执着。只有以平和之心，始终如一地付出努力，成功的路才会走得稳健而坚固。

一味主观地求急图快，没有按照客观规律一步一步地积极努力，后果只能是欲速则不达，适得其反。有这样一则小故事，便说明了耐心在自然界中的普遍规律性。

从前，有一个非常喜欢生物的小男孩，很想知道蛹是如何破茧成蝶的。可是蝴蝶倒是看见不少，但蛹却很少见。

有一次，他终于在草丛中发现了一只蛹，便带回了家，日日观察。

几天以后，蛹出现了一条裂痕，里面的蝴蝶开始挣扎，想抓破蛹壳飞出去。艰辛的过程达数小时之久，蝴蝶仍在蛹壳里辛苦地挣扎，那对翅膀怎么也扑棱不出来。

小男孩看着蝴蝶这么痛苦，有些不忍心，很想帮帮它。于是他找来剪刀，将蛹壳剪开，里面的小蝴蝶瞬间就破蛹而出了。

但让小男孩万万没有想到的是，那只小蝴蝶毫不费力地从蛹壳出来后，因为没有经过破茧而出的锻炼，翅膀的力量太薄弱，以致根本飞不起来。不久，小蝴蝶便痛苦地死去了。

破茧成蝶的过程原本就非常痛苦，然而，只有经历了这一艰辛的过程，才能换来日后的翩翩起舞。外力的帮助反而变成了害，最终让蝴蝶悲惨地死去。凡事都有循序渐进的过程，违背了自然规律，急于求成，将会导致最终的失败。

抱着急于求成心理的人，恨不能一日千里，但往往事与愿违。不遵循客观规律，还没有练习好走步就想要跑，那是肯定要摔跟头的。

所以，我们做人做事时，眼光应放长远些，注重知识的积累，以平和的心态始终如一地努力，自然就会水到渠成，达成自己的目标。许多事业都必须经历痛苦挣扎、努力奋斗的过程，而这也正是让我们锻炼得更加有力、更加坚强的必经之路。

## 07. 认真做好每一件小事

认真做好每一件事，说起来似乎像就在手边、随意都能做到的，但实际做起来却需要持之以恒的意志力。我们说，一个人能坚持把一天中所遇到的每一件事情都做好，这并不太难，难的是一辈子如此。

人生目标贯穿于整个生命，而我们在工作中所持的态度，就可以逐渐把自己与周围人区别开来。每个人的日常行事，都是由一件件小事构成的。但不能因为这是不起眼的事情，就敷衍应付或轻视懈怠。工作中更是如此。所有的成功者，他们与我们都做着同样简单的小事，唯一的区别就是，有这样一个意识强烈地植根于他们的头脑之中：工作中无小事。所以，他们从不认为自己所做的事是简单的小事。

美国标准石油公司曾经有一位小职员，叫阿基勃特。他在出差住旅馆的时候，总是在自己签名的下方，写上“每桶4美元的标准石油”字样。就连在书信及收据上也不例外，签名的底下一定是这样一行字。因此，阿基勃特被同事叫作“每桶4美元”，而叫他真名的人倒是越来越少了。

公司董事长洛克菲勒知道这件事后，为这个员工的细致和敬业而感慨：“竟有职员如此努力宣扬公司的声誉，我要见见他。”于是邀请阿基勃特共进晚餐。洛克菲勒从言谈举止中了解到，这是个一直以来把每一件小事都能做好的人，进而提拔他做董事长的特别助理。

后来，洛克菲勒卸任，阿基勃特成了第二任董事长。

在签名的时候署上“每桶4美元的标准石油”，这简直是一件太微不足道的小事了，而且严格说来，这件小事还不在阿基勃特的工作范围之内，但阿基勃特就这样去做了，并坚持把这件小事做到了极致。那些在此之前嘲笑他的人中，肯定有不少人才华和能力都在他之上，可是最后，只有他成为了董事长。

别轻视自己所做的每一件事，即便是最普通的，也应全力以赴、尽职尽责地去完成。台阶是阶梯式的，只有一步一个脚印地向上攀登，步子才走得稳，成绩才站得住。

大事是由许多小节连成的，任何一个鸿篇巨制也必定是由一个个词汇组成。那些一心只想着做大事的人，常常对小事嗤之以鼻，不屑一顾。其实，连小事都做不好的人，对于大事，最终只能是空中楼阁，纸上谈兵。

东汉有一少年名叫陈蕃，独居一室而龌龊不堪。

一日，他父亲的朋友薛勤来访，见此状，面露不满，问他为何不打扫干净来迎接宾客。

陈蕃回答说：“大丈夫处世，当扫除天下，安事一屋？”

薛勤当即反驳道：“一屋不扫，何以扫天下？”

陈蕃之所以不扫房屋，无非是不屑而为，自以为胸怀大志。欲“扫除天下”固然可贵，但一个连最基本的“扫除”动作都不知如何去做的人，当他着手承办一件大事时，必然会忽视它的初始环节和基础步骤，从而使大事的地基不劳，华而不实。如此，那可真可谓岌岌可危了。

世界文豪伏尔泰说：“使人疲惫的不是远方的高山，而是你鞋里的一粒沙子。”往往，小事并不简单，因为小事常常都是琐碎的，要把它做好，花费的精力和时间并不一定比大事少。所以说，用心去做好每一件小事，这是一种人生态度。只有抱定这样的态度，做事时才能够平淡而坚定，才能在忙碌的生活中保持好行事的方向，时时刻刻严格要求自己。

“千里之行，始于足下”。没有平日的积累，没有小事的锻炼，纵然有好的机会降临，也只能手足无措地与它擦肩而过。人生的路是由我们自己每一步的脚印所踏出来的，每一天都是一个阶梯，都是向着既定目标踏出的新的一步。成功是一个逐渐积累的过程，所以，紧紧盯着眼前的这一阶梯，着手落实好下一件要做的小事，一步一个脚印，最终必能登上成功之巅。

## 08. 不要频繁地跳槽

一个人奋斗的过程像一条曲线，曲线是向上的，偶尔也会遇到低谷，但是曲线的大趋势却是一直向上的，但前提是，一定要坚持，“熬”得过痛苦，“经”得住煎熬。否则，它可能就会像脉冲波一样，每次都会回到起点上。在人生的起步阶段，到新的岗位，面对新的环境，总有不适的时候，这个时候，要学会坚持，不要稍不顺心就跳槽，重新让自己再回到起点，从头开始，这是成事的大忌。

要明白，成功是需要真本事、大才能的，而真本事、大才能都是靠真刀实枪“干”出来的，才能也是靠久经考验“练”出来的。而在人生的起步阶段，你如果频繁地跳槽，几年后，只能得到这样的结果：在三十多岁的时候，去找工作，简历上写着四五份工作经历，每次多则两年，少则几个月，因为不断跳槽，不断换行业，没有一项擅长或熟练的技能或者本事，到中年，还要回到起点从一个初级职位开始干起，拿最为基本的薪水，与一群刚刚起步的二十多岁的年轻人在同一起跑线上抢饭碗，那样的日子会好过吗？

在人生的起步阶段只有积累足够的资本，才能够成就大事，当然了，这种资本的积累不仅仅包括工作技能和经验，还包括人脉、做人处事的能力、口碑、与人相处的能力，等等，如果你频繁跳槽，代表你每一个阶段的积累都付之东流了，一切都得从头开始。如果在工作的前三年中，你换了三个行业，三年后，你等于只有一年的积累，而一个没有换行业，没有换工作的人，至少有了三年的积累，在同样的岗位上，谁会更占优势，谁更能抢先摘取到成功的果实呢？

很多时候，一个人在一个岗位上工作两年左右，都会觉得工作没意义，不顺利，心情烦躁，很想辞职，换工作，到另一个行业中去寻找新鲜感、快乐感，觉得这样就可以将所有的烦恼都抛开，殊不知，你抛弃的只是暂时的烦恼。当你到了一个新的单位、新的岗位上，一切都要从头开始，不久，你就会遇到同样或类似的困难，烦恼便会如期而至。

为此，在职业发展的初级阶段，我们都应该给自己科学的定位，从自身的职业属性、职业技能与职业经验值等多方位去确定个人的核心竞争力。只有拥有了明确的职业定位才能够在职业发展的各个阶段保持冷静的正确的选择，从而才能使自己在面对困难和转机的时候运筹帷幄。

刘波是数控自动化专业出身，毕业后被上海的一家汽车厂录用。两年后刘波感觉前途不是十分明朗，再加上自己对专业技术没有深钻的兴趣，有种即将被淘汰的压抑感，刘波选择了辞职。

后来，刘波又到北京一家机械制造公司做机床数控的老本行工作，他一边工作，一边学习金融贸易专业，希望有一天能在商界大展拳脚，这份工作持续做了不到半年，又因为没有兴趣而再次辞职，金融贸易学习又因为太过困难而随之放弃。为此，刘波就利用业余时间学习了电脑平面处理，想着自己是不是可以从事平面设计工作呢？

就这样，刘波“跳蚤”式的跳槽经历，让他跳来跳去一直跳不出围城，天南地北地闯还是没搞清自己职业发展的头绪。五年后，还是做着最低级的普通工作，薪水仅只能解决基本的生存问题。

在人生起步阶段，不断地“跳槽”，只会让你什么都不会，彻底失去市场竞争力，会距成功越来越远。

要知道，成功都是“熬”出来的，它就像一场马拉松长跑，在起步阶段，同行业的人都在同一起跑线上。开始起跑后，每个人都感觉很是轻松，但是，很快就会有第一次的痛苦：呼吸不畅，腿上像绑了铅块一样，很想立即停下来，但是，只要你熬过去，就会感到轻松无比；接下来，还会遇到第二次、第三次的难受，而且一次会比一次厉害，但是，只要你能坚持住，熬过去，到最后，你就成功了。多数情况下，一些人在第一个阶段都坚持不下去，一些人能坚持到第二次，第三次虽然很多人都坚持不下去了，但是能跑到这里的已经没几个了，如果能再努力一把，定会造就不凡的人生。

还有一些人，在一个岗位上工作几年后，对工作得心应手，觉得自己搞定了一切，所以，就懒得去进步了。其实，这个时候，你的积累才刚刚开始，你与客户的关系牢靠吗？领导器重你了吗？与那些后来者相比，你有哪些不足呢？这个时候，不是懈怠的时候，后面还有无数的竞争者在奋起直追，你仍旧要拿出刚入职场的干劲来，稳扎稳打，直到成为某一领域的精英人物，或者某方向的“专家”级人物。

李翔毕业后，到某 IT 企业做销售工作，两年后，因为工作业绩突出，以及人际关系的良好维护，对工作可谓得心应手。

有一次，一家客户企业希望挖他过去做销售部的副主管，这家客户企业比他现在所在的企业规模要大得多，而且给出的薪酬也比他现在的收入要高出很多。多数人都觉得这是个千载难逢的好机会，“跳”过去，一定有好的发展前途的。

但是张翔的选择却出乎大家的意料，对客户热心的邀请，婉言谢绝。问及原因，他十分认真地说道："我觉得这个时机还不成熟，因为我对销售之外的企业管理知识还不甚了解，而对于销售，我的认识还未达到真正高的水平，这样跳槽，对三方都是一个巨大的损失。"

就这样，李翔又在自己的公司踏踏实实地工作了三年，其人脉关系、销售技能、为人处世等的积累达到了一个层次之后，一步步地从销售部的副主管，升任为分公司的副经理。

只要你脚踏实地、兢兢业业，在哪里都能获得升迁和提拔的机会。在熟悉的环境中"拼杀"，取得成功的可能性会大很多，何必要通过跳槽到一个新环境中重新开始呢？

在一个岗位上工作一段时间后，你有跳槽的冲动吗？如果有，那么，请你静下心来扪心自问：你足够熟悉你目前的工作流程吗？你对你的工作得心应手吗？你能做好每一个工作细节吗？你和你客户的关系足够牢靠吗？你了解你的老板吗？你足够了解你的下属吗？与同事能处好关系吗？如果你不能，或不了解，就不能想当然地认为自己第一个阶段的积累已经足够了，这些问题不及早解决，无论到哪里，你的职业生涯都会面临瓶颈，就会距成功更远一些。

在人生的起步阶段，不要认为自己的天空飘着几片雪花，就感到满足了。成功是一个坚持与不断积累的过程，与其专注于搜集雪花，不如省下力气去滚雪球。正如巴菲特所说："人生就像是滚雪球，最重要的就是发现很湿的雪和很长的坡。"为此，在最初几年，一定要让自己沉淀下来，学着去发现"很湿的雪"与"足够长的坡"！

要时刻清醒地记住一个道理：任何一个单位，一个老板都不会养闲人，如果你真的有本事，积累已经足够，那就将其转化为工作业绩。那么，每天忧心的不是你，而应该是老板了，他怕你跳槽，怎么会不给你升职，不给你高薪呢？

所以，要想在人生起步阶段取得成功，就必须要有一股“狠”劲，吃苦在前，享受在后，这是成事者所必备的心态，选择一个好的平台，跟一个好老板，好好干，干出成绩来。

最后，请记住当下流行的一句话：天空飘散的雪花，很快地融化掉，化为乌有，只有雪球才能更为实在，持续得更为长久。

# 第十章

## 人之所以不踏实，是因为内在的定力不够

### ——不喜不悲，泰山崩于前而色不变

一位哲人说，最深沉的感情往往是以最冷漠的方式表现出来的，最浮躁的感情往往是以最强烈的方式表现出来的。这句话告诉我们，能持续恒久的东西都是沉静的、不动声色的，而那些热烈的、浮躁的，都是不能久远存在的。其实，人之所以会浮躁，多数是因为内在的定力不够，因为内在是虚空的，所以其要在表面上装得十分强大来显示自己。一个真正有智慧的人，其内心是强大的，遇事会不喜不悲，泰山崩于前而面不改色，其内在丰盈的智慧和定力足以应对外界的一切境遇。

### 01. 绝不做轻轻一拍，就跳得老高的“皮球”

哲学家斯宾诺莎说过：“最大的骄傲与最大的自卑都表示心灵的软弱无力。”这告诉我们，一个人如果在为人处世上表现得太过骄傲或自卑，正好彰显了其内在的软弱和灵魂的怯懦，这样的人无论表现得有多狂傲，都只会降低其地位，削减其魅力，毁掉其气质！

高傲的人就像一只轻浮的皮球一般，轻轻一拍，就会跳得老高，他们在人群中得意忘形的样子不仅一点都不高雅，通常还会让人觉得反胃。另

外，遇到不快的事情时，高傲的人马上会火冒三丈，跳得老高。这样的人因为内在缺乏定力和智慧，所以显得比较浮躁。

一位科学家得知死神正在寻找他，便利用克隆技术复制出了12个“自己”，想在死神面前以假乱真保住性命。

面对13个一模一样的人，死神一时分辨不出哪个才是真正的目标，只好悻悻地离去。但没过多久，对人性的弱点了如指掌的死神，想出了一个识别真假的好办法。死神又找到那13个一模一样的“科学家”，对他们说：“先生，你确实是个天才，能够克隆出如此近乎完美的复制品。但是很不幸，我还是发现你的作品有一个微小的瑕疵。”

话音未落，那个真的科学家暴跳起来大声辩解道：“这不可能！我的技术是完美的！哪里有瑕疵?”

“就是这里。”死神一把抓住那个说话的人，把他带走了。

这位科学家无疑是个内心软弱的人，一句批评的话就让他彻底暴露了自己。这样的人总爱意气用事，更容易情绪失控，最容易将自己的弱点暴露给对方，从而在关键时刻一败涂地。

另外，这样的人也总是高傲的，总在人前表现出不可一世的样子来。对此，英国剧作家莎士比亚说过：“一个骄傲的人，结果总是在骄傲里毁灭自己。”

高洁是学经济管理的女孩子，她不仅人长得漂亮，而且家庭条件非常的优越。毕业以后直接进入了当地一个很有名的企业上班，初次见到她，并看到她能力很不错的老总决定重用她。从此以后，每当有同事和她讲话的时候，她总是一副了不起的样子，并总是嘲笑别人的观点。

公司里有个家在农村的女孩小静，有一次买了一件新衣服，好多同事都夸小静很漂亮，高洁却说：“哼，漂亮的衣服也掩盖不了浓重的乡土味。”这句话让很多同事都对她不满。小静也因此不再和她说话。

公司有一次写检验报告，当文学专业的赫敏给高洁指出她的报告有语病的时候，高洁不高兴地说："不要以为你是学文学的就优秀，文章写得再好，也只能做个普通的员工。"这句话正好被路过的老总听到了，老总狠狠地训斥了她一番，并对她说："年轻人这样不虚心，如何能进取，回去好好反省一下。"

在日常生活的社交中也是如此，没有哪个人喜欢自己身边的朋友都是一些骄傲自满的家伙，一个不懂得谦虚的人，即便智商再高，再有才华也不会受到别人的尊重。目空一切的"皮球"式的人一点都不会受人尊重和喜爱。正所谓"水满则溢，月满则缺"，成熟饱满的稻穗都是低着头，而那些空空如也的稻穗才是高高地抬起头。

一个喜欢自吹自擂，没有自知之明，喜欢标榜自己的"皮球"人，无论在生意场上还是在情场上，都不会受人尊敬或让人喜欢。一个人的魅力修炼并不是靠每天盲目自信和目空一切抬高头颅，而是懂得虚心地听取别人的意见或建议。在社交场合，谦虚的人都会向夸奖他的人表示："多谢你的赞美，我会继续努力的。"或者是："我觉得自己还有很多不足的地方，还请您多多指教。"一个人只有放下高傲的头颅，俯首听听下面的声音，才会让自己越来越完美，越来越有气质。

一个充满了鄙视和瞧不起的目光，永远没有柔和充满期待的目光看起来有吸引力，说出"你不行"、"我都会"这些话永远都没有"你做得不错"、"我还需要继续努力"更优美动听。一个谦虚的人是值得尊敬的，聪明的人都懂得，放下自己的辉煌成绩才能向前走得更远。

## 02. 当你开始谦虚时，便是近于伟大时

谦虚是国人自古以来所强调的做人智慧。对此，老子曾说："保此道者，不欲盈。夫唯不盈，故能蔽而新成。"意思是说，保持这个"道"的

人不会自满。正因为他们从不自满，所以才能够去故更新。可见，在老子看来，谦虚是事与物保持长久的重要法则之一。因为不自满所以才能时时更新自我，与时俱进，进而保持长久不衰的状态。

的确，在生活中，谦逊是一种姿态、一种风度。做人要懂得谦逊，谦逊能够克服骄矜之态，能够营造良好的人际关系，因为人们尊敬的是那些谦逊的人，而绝不会是那些爱慕虚荣和自夸的人。水善利万物而不争，不争不抢，低头默默地穿行于自然与万物之间，这才是能够使万物受惠并折服的方式。生活中，无论我们做任何事情，如果缺乏一种谦虚的心态和进取的思想就难以成功，即便有了一定的成绩也仅仅是昙花一现罢了！

京剧大师梅兰芳，不仅在京剧艺术上有着极深的造诣，而且还是丹青妙手。他曾经拜著名的画家齐白石为师，并且虚心向他求教，在齐白石面前总是行弟子之礼，还经常为齐白石磨墨铺纸，完全没有因为自己是享誉中外的京剧大师而自满自傲。

梅兰芳不仅拜画家为师，他也拜普通人为师。有一次在演出京剧《杀惜》时，在众多喝彩叫好声中，他听到有个老年观众说“不好”。梅兰芳来不及卸妆更衣就用专车将这位老人接到家中，并恭恭敬敬地对老人说：“说我不好的人，都是我的老师。老先生说我不好，必有高见，请赐教，学生必定下决心亡羊补牢。”老人指出：“阎惜姣上楼和下楼的台步，按梨园规定，应是上七下八，博士为何八上八下？”梅兰芳恍然大悟，连声称谢。以后梅兰芳经常请这位老先生观看他演戏，请他指正，称他“老师”。正是这种谦虚的态度，才成就了梅兰芳一生的辉煌。

俗话说：“低头的都是满满的稻穗，昂头的都是无果的稗子。”越是成熟、饱满的稻穗，头就垂得越低。只有那些内心空空如也的稗子，才会显得过于招摇，始终会把头抬得老高。当然了，做人要谦逊内敛而不张扬，需要有厚实的内功做支撑，只有一个人知识、阅历、素质和修养都达到了足够的沉淀时，才真正能够做到不说张扬之语，不做张扬之事，不逞张扬之能。当一个人开始谦卑的时候，便是他最近于伟大的时候。低调做人，谦虚为人，是一种智慧，一种品质，一种美德，一种风度，一种胸襟，一种修养，一种谋略。

另外，在为学方面，老子也提倡要时时保持“谦虚”的作风。其所讲的“知者不知”，即学识越是渊博的人越是懂得自己的缺陷，“学然后知不足”。其实，为学的人，也时时刻刻保持谦虚的心、不断进取的精神，这正是“道”所具有的美好的品德。

孔子要求弟子们在治学过程中时刻保持谦虚。有一次，孔子带着几个学生到庙里去祭祀，刚进庙门就看见座位上放着一个引人注目的器具，据说这是一种盛酒的祭器。学生们看了觉得新奇，纷纷提出疑问。孔子没有回答，却问寺庙里的人：“请问您，这是什么器具啊？”守庙的人一见这人谦虚有礼，也恭敬地说：“夫子，这是放在座位右边的器具呀！”于是孔子仔细端详着那器具，口中不断重复念着“座右”、“座右”，然后对学生们说：“放在座位右边的器具，当它空着的时候是倾斜的，装一半水时，就变正了，而装满水呢？它就会倾覆。”听了老师的话，学生们都不知老师所指为何。孔子看出大家的心思，就让学生们打来水。往器具里倒了一半水时，那器具果然就正了。继续往器具里倒水，器具中刚装满了水就倾倒了。孔子说：“倾倒是因为水满所致啊！”弟子问：“怎样才能不倾倒？”孔子语重心长地说：“聪明的人，应当用持重保持自己的聪明；有功的人，应当用谦虚保持他的功劳；勇敢的人，应当用谨慎保持他的本领……这就是说要用退让的办法来减少自满。”学生们才恍然大悟为何人们要将这容器放在座右。

古希腊的著名哲学家苏格拉底，每当被称赞学识渊博、智慧超群的时候，总谦逊地说：“我唯一知道的就是我自己的无知。”牛顿，人类历史上最伟大科学家之一，对于自己的成功，他总是谦虚地说：“如果我看得远一点，那是因为我站在巨人的肩上的缘故。”他还将自己比喻成一个在海滨玩耍的小孩子，认为自己只是“有时很高兴地拾着一颗光滑美丽的石子儿，真理的大海还是没有发现”。可以说，无论做人还是治学，谦虚都是一种智慧和气度。所以，生活中，我们要时时保持谦虚的姿态，做一个有气度、有智慧的人。

## 03. 一个人炫耀什么，说明他内心缺少什么

“一个人炫耀什么，说明他内心缺少什么”，从当下心理学的角度分析，是极有道理的。一个人因为内心缺少而不想被别人知道，所以就会以外在的炫耀来掩盖，这叫作欲盖弥彰。真正美丽的人从来不会去刻意打扮自己，只有那些想要变美丽的人才会想办法化妆、拍照，在人面前表现自己；真正有智慧的人从不说自己有多么聪明，反而会低调地装糊涂，只有那些愚笨的人才会想着到处显露自己的聪明才智；一个行善的人从来不会说自己在外捐了多少钱，对社会有什么样的贡献，只有那些没有多少善行的人才会成天说着如何去行善、如何去扶危救困。

当一个人缺少某样东西而自己又找不到合适的方式证明自己并不缺乏这样东西时，总会习惯性地炫耀，以此来掩饰自己。

有一位看上去很普通的女作家被邀请参加笔会，坐在她身边的是一位匈牙利年轻的男作家。男作家看看身边这位衣着简朴、沉默寡言、态度谦虚的女人，并不知道她是谁，男作家认为她只不过是一个不入流的作家而已。于是，他有了一种居高临下的心态。

男作家主动上去搭讪：“请问小姐，你是专业作家吗?”女作家看到他，回答说：“是的，先生。”男作家于是立马询问道：“那么，你有什么大作发表吗？能否让我拜读一两部。”那位女士听到他的话，很淡然地说：“我只是写写小说而已，谈不上什么大作。”男作家听到此，心里面开始扬

扬自得，更加证明了自己的判断。

男作家继续问道："你也是写小说的？那我们算是同行了，我已经出版了339部小说，请问你出版了几部？"女作家很镇定地说："我只写了一部。"男作家听到女作家说只写了一部，有些鄙夷地问："噢，你只写了一部小说。那能否告诉我这本小说叫什么名字？"女作家平静地说："《飘》。"狂妄的男作家顿时目瞪口呆。女作家的名字叫玛格丽特·米切尔，她的一生只写了一本小说。

从男作家高调的炫耀的结果可以想到他的窘迫处境。可以说，玛格丽特·米切尔表现得十分低调，充分地展现了一个人谦逊的气质。谦逊是一种以静制动的艺术，之所以她如此的平静是因为已经有了强大的底牌在支撑着她，正如老子所言："善者不辩，辩者不善。知者不博，博者不知。"

作家亦舒在小说《圆舞》中有一句经典名言是说，真正有气质的淑女，从不炫耀她所拥有的一切，她不告诉人她读过什么书、去过什么地方、有多少件衣服、买过什么珠宝，因为她没有自卑感。可见，那些真正有智慧的人，是从不会向别人炫耀的！在人群中，他们也是沉静的，从不夸夸其谈，这也是一种富有吸引力的气质。

有一个记者采访一位著名演员："在喧闹的人群中，你会选择什么方式引人注意？"这位演员说："我会选择沉静地坐着。"是的，沉静地坐着，沉静地微笑，沉静地站在世界的面前，这种沉静所流露出来的自信、端庄、高贵是很能引人注意的，是很有穿透力的，它足可以让人在喧哗中停下来。可见，智者的沉静是一种极富吸引力的力量，能让人在瞬间魅力大增。所以，在生活中，一个真正的君子或者智者，都是沉静的、内敛的，他们绝不会通过夸夸其谈去显示自己的才能，更不会在众人面前故意彰显自己，而是会通过默默地努力在切实的行动中默不作声地表现他们的能力。

## 04. 话出口前先思量

一句“三思而后行”的古话早已成为流传万代的格言，用来告诫世人不要因为草率的行动而留下“一失足成千古恨”的遗憾。而在现实生活中，不但做事情要深思熟虑，说的每一句话，也需仔细斟酌，三思而后言。不经考虑、脱口而出的话语，有时表达的根本不是自己的本意，却被人误解，给人留下很不好的印象，甚至造成无法挽回的伤害。与人交流时，倘若能事先多考虑，想好了再说，就会大大增加了彼此间谈话的融洽感。

美国艺术家安迪渥荷曾经告诉他的朋友说：“我自从学会闭上嘴巴后，获得了更多的威望和影响力。”这是告诉人们，首先要学会“少说话”。诚然，“不多说”固然是一种韬腹的智慧，但人们既然生活在现实社会中，只能“少说”而不是完全不说。如此，既要说话，又要说得少，且说得好，这才是好口才。

一般来讲，血气只有在“三思”后才不会一时冲动，才能降低说出蠢话或危险话的几率。下面这个故事则是从反面说明，不假思索、不经过滤的话是怎样毁掉一名战功赫赫的英雄的。

科里奥拉努斯，因英勇善战而被奉为古罗马时代的战神，闻名于世。

公元前454年，科里奥拉努斯打算竞选最高执政官，来进一步拓展自己的名望，从而进入政界。

竞选这个职位的候选人必须在选举初期发表演说。科里奥拉努斯便以自己十多年来为罗马战争留下来的无数伤疤作为开场白。那些伤疤证明了他的勇敢和忠诚，令人们深为感动，几乎每个人都认为他会当选。

然而，在投票日来临的前夕，情况发生了变化。科里奥拉努斯在所有元老和贵族们的陪同下，走进了会议厅。当科里奥拉努斯发言时，内容绝大部分是说给那些陪他一同而来的富人听的。他不但傲慢地宣称自己注定会当选，而且大肆吹嘘自己的战功，甚至无理地指责对手，还说了一些讨好贵族的无聊笑话。

他的第二次演说迅速传遍了整个罗马，人们纷纷改变了投票意愿。

科里奥拉努斯败选之后，心有不甘地重返战场，他发誓要报复那些反对他的平民百姓。

几个星期之后，元老院针对一批运抵罗马的物品是否免费发放给百姓这个议题进行投票，科里奥拉努斯也参加了讨论。他认为发放粮食会给城市带来不利影响，并不假思索地发表了自己的意见，使得这一议题终未通过。接着他又谴责民主的要领，倡议取消平民代表（亦即护民官），将统治权交还给贵族。

科里奥拉努斯的言论令平民们愤怒不已。人们成群结队地来到元老院前，要求科里奥拉努斯出来与他们对质，却遭到了他的拒绝。于是全城爆发暴动，元老院迫于压力，终于投票赞成发放物品，但是老百姓仍然要求科里奥拉努斯必须要公开道歉，才能重返战场。

迫于强大的民众压力，科里奥拉努斯只好公开露面，向群众致歉。一开始他的发言缓慢而柔和，然而没过多久，他就变得越来越粗鲁，甚至口出恶言侮辱民众！他说得越多，民众就越愤怒。他们的大声抗议，使他无法继续说下去。

随即，护民官商议判处他死刑，命令治安长官立即拘捕他，并送到塔西匹亚岩顶端，再丢下去。

后来，在贵族的干预下，他被判决终生放逐。

人们得知这一消息后，纷纷走上街头欢呼庆祝。

如果科里奥拉努斯不那么多言冲动和自以为是，也就不会冒犯民众；如果在败选后他检讨选举失利的因素，也许他依然还有机会被推举为执政官。可惜，他无法控制自己的言论，最终自食其果。

俗话说“祸从口出”，如果说话不留心，信口开河，会带来不必要的麻烦。若我们话说得好，小则可以欢乐，大则可以兴国；反之，话说得不好，小则可以招怨，大则可以坏事，故而古人云：“一言可以兴邦；一言可以丧邦。”

话到嘴边留三分。当一个想法、一种认识初入我们大脑中时，先沉住气，冷静、客观和全面地去分析，适时权衡利弊，因人、因地、因时地去考虑，这样才能把握好说什么样的话、怎么说，才是最合适的。

## 05. 有理不在声高

说话嗓门大，是浮躁的重要表现之一。这样的人，一旦与人发生冲突，便不分时间、不分场合，或剑拔弩张、寸步不让，或气壮如牛，吼声震天，仿佛最终争的不再是“理”，而是嗓门。

“理”，是每个人所自我标榜的。生活中之所以会争吵起来，就是因为公说公有理，婆说婆有理。若任何一方感到理亏或是“礼”让，相信冲突自然而然也就迎刃而解了。

实际上，生活的经验告诉我们：有理不在声高。人们往往会有一种下意识的错觉，认为声音越大、气势越强、语气越坚定，就越说明自己是有理的。但心理学家认为，无声语言所显示的意义，比有声语言要深刻得多。国外的心理学家就此列出了一个公式：人与人之间的信息传递 ＝ 7％语调 ＋ 38％语气 ＋ 55％表情。

这个公式主要强调了无声语言在人际传播中的意义是非常重大的。真正会说话的人，不仅会用嘴说，还要懂得如何用“无声语言”来说，比如说表情、肢体等。

下面这则小故事，说明了与人交谈、讨论，甚至争辩中，“声低”的力量。

一位老师问学生：“用酒精消毒，什么浓度为好?”

学生们几乎连想都没想，齐声回答说：“当然是越高越好!”

老师说：“错。”

看着学生们一个个一脸狐疑，老师继续解释说：“高浓度的酒精，会使细菌的外壁在极短的时间内凝固，形成一道‘天然屏障’。后续的酒精就再也浸不进去了，造成细菌在壁垒后面依旧存活。”学生们认真地听着这个新奇的理论，若有所思。

老师进而强调：“最有效的浓度，是把酒精的浓度调得相对柔和些，润物细无声地渗透进去，效果才佳。”

原来，“润物细无声”的柔和有时比风暴更有力量。柔和不是软弱，而是一种品质与风格；柔和也不是丧失原则，而是一种更高境界的坚守；柔和更不是退让，而是一种水滴石穿的坚韧。

相反，粗鲁的争辩方式往往会使对方对你的意见、想法更加反感，无法使人心悦诚服。充实的论据才是力求理解的保证。言之有理，对方自然会接受，这比调高八度、大喊口号要有效得多。

众所周知的是，想要说服别人不是一件简单的事，但是真正懂得说服别人的人，却从来不是靠声高来实现的。首先，要认真倾听对方的观点，这无形中就是向其传递了尊重对方的信号。然后再充分表达自己的意思和情感。这里的“充分”绝不是指声音的充分，而是“道理”的充分。有理更要有“礼”，用得体的语气才会收到良好效果。

但往往，立场不同、利益相争，尤其是在争辩的时候，很难有人能够做到有理不在声高。

1930 年 2 月，左翼作家冯乃超在《拓荒者》中骂梁实秋为“资本家的走狗”。

但梁却简单而洒脱地回应说："我不生气。"

无疑，这是一个熟谙"论争心理学"的人。且看一段梁实秋《骂人的艺术》中的挥洒：

"骂人最忌浮躁。一语不合，面红筋跳，暴躁如雷，此灌夫骂座、泼妇骂街之术，不足以骂人。善骂者必须态度镇静，行若无事。普通一般骂人，谁的声音高便算谁占理，谁来得势猛便算谁骂赢，唯真善骂人者，乃能避其而击其懈。你等他骂得疲倦的时候，你只消轻轻地回敬他一句，让他再狂吼一阵。在他暴躁不堪的时候，你不妨对他冷笑几声，包管你不费力气，把他气得死去活来，骂得他针针见血。"

当然，这不是教人骂人，而是我们可以从这段表述中看出，学会揣测人的心理、能掌控好情绪的人，才能更好地把握未来。

"声高的时候"，往往表示我们已经愤怒了。从心理学的角度来说，愤怒是一种情绪的波动，小到烦躁不安，大到火冒三丈，还伴随着生理变化，如心跳加快、血压升高。虽然愤怒是人类所拥有的一种完全正常、健康的情绪，但仍应正视的是，如果无法控制愤怒，声高骇人，可能会引发出一些不堪想象的后果。

所以"有理不在声高"，懂得对形式的把握，对一再纠缠的人用事实说话，而对于生活中出现的误会，只要拿捏好说话语气的分寸，就能被对方充分理解和接受，自然也就能收到预期的效果。

## 06. 唠叨，是你人际关系的"头号暗礁"

为什么有一些女人能让男人永不厌倦，不管外面的风景有多好，他总是眷恋着身边这盆鲜花？而有的女人则让男人一看就想拔腿就跑，躲得越远越好？答案就是：你的存在，是否让对方感到舒服自在。人际关系也遵循这样一个规律，让对方舒服，是和谐交流的第一步。可以说，爱唠叨不仅是让男人无法舒服自在的最大恶敌，也是让女性厌恶至极的行为。爱说话，唠叨不停，无论走到哪里都唱主角，这不仅是一种浮躁的表现，而且还是让其人际迅速恶化的行为之一。这样的人无论其再有才华，再妙语生花，也毫无吸引力可言。

对此，有些人可能会不解地说：能说会道，能言善辩，该当是被人当优点来夸赞的啊！我的问题究竟在哪里？不错！依照常理，善于表达自我并非是错事，但若是整日都喋喋不休，说个不停，那便招人嫌了。

“老板老是和我抬杠，真不知道我哪里得罪他了！”

“为什么他总是和我作对？这家伙真讨厌！”

“我老公最近做生意赚了一大笔钱，刚买了一套四百多平米的别墅，我星期天什么也没干，研究装修方案，可伤脑筋了！”

“我家儿子又在学校得奖学金了，哎，这孩子真是太争气了，和别的孩子就是不一样，学习方面都不怎么让我管！”

……

在生活中，很多人都会因为某种问题，向同事或好友喋喋不休。但是，这些看似无伤大雅的话语，却是交际场上的“暗礁”，它会让其他人对你产生一种避之唯恐不及的感觉。

另外，在情场上，爱唠叨也是导致你“异性缘”恶化的头等“暗礁”。它能将你苦心经营和悉心建立起来的幸福和感情在一夜之间被摧毁。

刘华经常向周围的朋友诉苦：“我娶了个‘唠叨皇后’，再也受不了她吹毛求疵、无休无止的抱怨和骚扰了，我只想解脱。”

原来，每天刘华下班后一回到家，老婆便会唠叨个不停。她指责他早上出门时忘了带钥匙，抱怨邻居把一个吃剩的苹果核扔到门前、院子里的小华小小年纪竟然对她不礼貌……刘华上一天班，感到很累了，回到家只想安静下来好好休息一下，但是老婆的唠叨却像紧箍咒似的让他越听越头疼。

长此以往，因为害怕她的唠叨，现在一到下班时间刘华就开始头疼。于是，他主动向老板要求加班耗时间，或者干脆到朋友家里去凑合，夫妻之间的感情几乎荡然无存，刘华只想能快点儿解脱。

卡耐基在他的《人性的弱点》中说过：唠叨是爱情的坟墓。聪明的人，如果你想维持家庭生活的和谐，就停止唠叨吧！爱说话的习惯就像漏水的龙头一样，能将伴侣或爱人的耐心消耗殆尽，会让人感觉受到限制和压力，不知不觉地将对方推向分裂的边缘。

所以，要做个人缘好且幸福的人，一定要减少开口的频率，管好自己的嘴巴。

## 07. 负重的生命，方能平稳前行

一位哲人说，浮躁的人生是无质量可言的。的确，轻浮的船只在大海中很难经受住大风大浪的冲击，而轻浮的生命也难以经受住人生大风浪的洗礼。正如白落梅所说，许多人想行云流水过此一生，却总是风波四起，劲浪不止。平和之人，纵是经历沧海桑田也会安然无恙。敏感之人，遭遇一点风声也会千疮百孔。命运给每个人同等的安排，而选如何经营自己的生活、酿造自己的情感，则完全在于自己的心性。

要想在人生的长河中经受住大风大浪的冲击，就要懂得负重。如果一个人生命的担子太轻，一切养尊处优，只会精神空虚，迷惘无聊。因为没有负重的生命就犹如一片枯叶一般，只需要轻轻一吹，就会随风而逝。而负重的生命却会坚如磐石，任尔东西南北风，也会稳如泰山。

一艘货轮在海岸边卸货后返航，在浩渺的大海上突然遇到巨大的风暴。船员们都惊慌失措，只有老船长沉稳机智，当机立断：打开船上所有的货舱，立即往里面灌水。

水手们极为担忧：往船里面灌水是非常危险的行为，这不是在自找死路吗？而船长却镇定地说："你们见过根粗叶盛的大树被风刮倒过吗？那些被刮倒的都是没有根基的小树！"

水手们半信半疑地照着做了。虽然风浪依旧猛烈，但是随着货轮中的水位越来越高，货轮便渐渐地平稳了下来。船长便告诉那些松了一口气的水手：船在负重的时候，是最为安全的，空船行驶，才是最危险的时候。

船，负重则不会被打翻，人，又何尝不是呢？

米兰·昆德拉曾说："一切重压与负担，人都可以承受，它会使人坦荡而充实地活着，而最不能承受的恰恰是轻松。"生活中，一个人如果没有压力，松松垮垮、无所事事，就会在闲散中消磨自己的锐气，钝化自己的意志，这样的人生只会得到莫名的空虚、寂寞、孤独和忧愁。

一位农民，经历了人生的种种苦难之后，成为了著名的作家。

他曾经做过木匠，在建筑队里干过泥瓦工，收过破烂，卖过煤球，在感情方面受过欺骗，还打过一场三年之久的麻烦官司。然而，如今的他仍旧独自闯荡在一个又一个城市中，做着各种各样的活计，居无定所，四处飘荡，经济上又没有任何的保障。

他表面上看起来仍旧是个农民，但他与乡村中日出而作、日落而息的农民不同。因为他爱好文学，在耕作的同时，他几十年还笔耕不辍，写下了许多优秀的文章和诗歌，他的杰作让所有的人都为之动容和感动。

一位记者曾这样问他："你如此复杂的人生经历如何写出这么多富有柔性的佳作呢？在读你的作品的时候，很多人都认为这种文字只有初恋的人才能够写得出来。"

"那你认为我该写什么样的作品呢？是那种硬邦邦的，抒发人生苦难的作品么？"他笑笑问道。

"起码应该比你现在的作品沉重一些才是！"记者打趣说。

他笑了说道：“我是在农村长大的，农村人每家都有储粪池。小时候，每当我遇到别人挑粪往地里去的时候，我都会掩鼻而过。那个时候，我总是觉得奇怪极了，这么臭、这么脏的东西，怎么就能够让庄稼长得更为壮实呢？后来，经历了这么多的事情，我却发现自己所经历的苦难，正如粪和庄稼的关系一般。粪便是脏臭的，如果你将它一直储存在粪池中，它就会一直这么脏臭下去。但是一旦它遇到土地，情况就不一样了。对于一个人，苦难也是如此。如果你将苦难视为生命的苦难，那它就只是苦难。但是如果让它与你精神世界中最为广阔的那片土地结合，它就会成为一种最为宝贵的营养，让你在苦难中如凤凰涅槃，体会到独特的甘甜和美好。”

这种质朴的话语，极为打动人心。土地转化了粪便的性质，而他的心灵就是背上了一种厚重感，才将苦难转化成了生命的芬芳。他文字间的深情和隽永，都是生命的厚重感，也是他踏破苦难的履迹。

生命的过程，不是轻歌曼舞，更不是雅阁品茗，生命的意义在于负重前行，在于勇敢地承担各种各样的责任。负重的人生虽然会经历各种各样的磨难与不幸，但这些磨难与不幸会成为你生命中最宝贵的财富，让你的生命变得更有韧性。

记住：轻松的人生不一定优裕，却注定了一定会平庸。

## 08. 本分：滋养人格的一种丰厚的“养分”

词作家阎肃说过：“一个人要成功，要靠天分、勤奋、缘分、本分。其中，勤奋和本分最重要。我是空军最年长的现役老兵，只有守着本分更加勤奋，才能践行我与中国共产党和人民军队之间的永远的约定，同时也让我的人生多一些精彩。少一些遗憾。”本分，是像泥土一样实在的人格底色，在浮躁的社会中，它经常被人所忽视。然而，它却是一个人取得成功的重要的条件。本分，其实如泥土一样，有着极为丰富和深厚的“内涵”。

在当下激烈的竞争环境和纷繁复杂的社会环境中，我们固然要学会一些处世法则，但首先要以淳厚立身为根本，这是做人的最基本的准则；其次，丢掉人性中的一些浮华，面对虚幻的名利、欲望，不被其所诱惑，本本分分地做好自己，让自己的人生活得有价值、有意义。这是每个现代人都值得考量的重要问题之一，也是每个人穷其一生都要追寻的方向！

晚清名臣曾国藩虽然身处高位，但是却是出了名的淳朴之人。

在他的日记里，有这样一段话：“天地之所以不息，国之所以立，圣贤之德业之所以可大可久，皆诚为之也。故曰：诚者物之始终，不诚无物。”曾国藩认为自己之所以能够取得如此大的成就，正是因为自己凡事都以“诚”为基础，凡事不投机取巧。

曾国藩不仅以“诚”为自身准则，他还教育自己的兄弟和子女，不管是做文章还是做人，都要以诚为本，这样才能立身淳厚，抛弃虚华。

做人不要过于追求虚化浮躁和华丽多姿，应该抛弃繁杂修外而炼内，积淀人生和生活的厚重！如此简单而不肤浅、沉稳而不刻板的深邃和智慧，才能更臻淳厚，达到本真的人生境界！

物理学诺贝尔奖得主杨振宁在给重庆八中的题词中这样写道：“宁拙毋巧。”他说：“这句话还有四个字叫作‘宁朴毋华’。把这八个字送给你们，因为做学问不能取巧。希望大家在今后的学习和工作中。脚踏实地做出一番成就来。”诚哉斯言，不正是本分、沉稳、厚重之人所能取得的成功之道吗？

安于本分，坚守忠实，其实就是拒绝浮躁，安于自身所处的地位和环境，对自己有正确的认识。鲁迅的儿子周海婴作为名人之后，他一生淡泊名利，在公众场合，几乎不愿提鲁迅，在别人面前，也从不炫耀自己是谁的后代，他反对靠父母的余荫生活。他和蔼可亲、为人敦厚，虽身为名人，但是为人处世却能够平易近人，这是一个很“本分”的可敬的老人。

本分、淳朴和忠实是极为可贵的品质，它们像泥土一样，以丰厚的养分和坚实的基础支撑起人格的参天大树。花木扶疏，离不开泥土；事业有成，离不开本分。摒弃偏见与误解，做一个本分的人。做一个本分人，于己光明磊落，问心无愧；于人海纳百川，实现人际的和谐和共赢。

《梁书·明山宾传》中记载了一位名叫明山宾的人，此人诚实厚道在方圆百里是出了名的。明山宾因为家里贫困，所以不得不把自己乘坐的牛卖掉。

当有一个人把牛买走并且付完款的时候，明山宾突然返回来对那个人说：“我必须要告诉您一件事，这只牛曾经得过失蹄的毛病，如今虽然病已经好了，但是我还是担心它以后会复发，所以，我想事先提醒你一下。”买主一听明山宾的话，本来钱已经付了，却要求退牛、退款，忠厚的明山宾竟然答应了买主的要求。

众人都笑明山宾太老实了，但是一位隐士听说了后却赞叹明山宾说：“此人真是难得啊，如果人人都能够像他一样诚实，那世风可以重新回到淳朴，人心大振，遏制浮薄的社会风气。”

中国自古以来被誉为“礼仪之邦”，崇尚道德风尚。淳朴、本分、忠厚不仅是一个人做人的本质，更是一种道德修养，是人们的行为准则。只有人人都具有这种修养，才能端正社会风气。

在生活中，学会脱掉一切伪装的“外衣”；学会摈弃一切贪欲、奢求和妄想；学会返璞归真，让自己的心灵过滤掉杂质，从而留下淳朴、自然、厚道的本真。真实而自然地活着，永远也不要丢失自己诚实善良的心，方能让自己的心灵徜徉在自由的天地！

## 09. 永远别做“语言的巨人，行动的矮子”

无论是生活还是工作中，我们常常能见到一个个“语言的巨人，行动的矮子”，语言光艳夺目，而真正要付诸行动时却黯然失色。一个整天浮想联翩或者夸夸其谈的人是永远不会成为受别人瞩目的人。说得多而做得少，一旦机会来临，就只有空叹，甚至失败。

诸葛亮首出祁山时，决定派一支人马去占领军事重地街亭（今甘肃庄浪东南），作为屯兵的据点。但派何人前往，诸葛亮却迟迟未定。当时蜀军中尚有几个身经百战的老将，参军马谡却主动请缨。诸葛亮想起刘备临终所嘱“我观马谡，言过其实，不可大用”，因而迟疑。马谡自知一直为诸葛亮出谋划策，但实际的战功却寥寥，不免难服众心，就以自己从小熟读兵书、胸有成竹的决心，再次向诸葛亮拜泣。遂成为先锋，王平为副将。

马谡和王平率领大军到了街亭，张郃率领魏军也正从东面赶来。马谡看了地形，对王平说：“这一带地形险要，街亭旁边有座山，正好在山上扎营，布置埋伏。”

王平提醒他说：“临走时丞相嘱咐过，要坚守城池，当道扎营。屯兵山上太冒险了。”

马谡没有打仗的经验，自以为熟读兵书，夸下海口誓败魏军。

王平追问道：“魏兵骤至，四面围定，将何策保之？”

马谡大笑：“兵法云：凭高视下，势如破竹。”

王平仍然极力劝阻：“若魏军断我汲水之道，军士不战自乱矣。”

马谡却说：“孙子曰：置之死地而后生。”

他根本不听王平的劝告，坚持要在山上扎营。王平知道再劝无用，只好央求马谡拨给他1000人马，让他在山下邻近的地方驻扎。

张郃率领魏军赶到街亭，看到马谡放弃现成的城池不守，却把人马驻扎在山上，暗暗高兴。马上吩咐手下将士，在山下筑好营垒，把马谡扎营的那座山围困起来。

马谡几次命令兵士冲下山去，但由于张郃坚守不出，蜀军无法攻破，反而被魏军乱箭射死了不少人。没过多久，蜀军在山上断了水源，连饭都做不成。时间一长，军中开始骚乱。

张郃看准时机，发起总攻。蜀军兵士纷纷逃散，马谡也无法阻止。最后，只好自己杀出重围，往西面逃跑。

王平带领1000人马，稳守营盘。他得知马谡失败，就叫兵士拼命打鼓，佯装进攻。张郃怀疑蜀军有埋伏，不敢再逼近他们。这样才保住了1000人马。

可笑马谡，只知“兵法云”、“孙子曰”，却没有想到因地制宜。他不能正确认识自己平日只是“纸上谈兵”，没有实战经验，只因立功心切，而失了要地、丢了性命。

众人皆知，束缚于理想之中而不去行动的人，只能是一个碌碌无为的平庸之辈。理想虽然是美好的，但要想使其成为现实，就必须经历艰苦的奋斗。只有我们的行动，才能体现出自身的价值。而那些幻想之人的价值就是他们的美梦和理想，他们把自己的宏伟蓝图描绘得再完美，也不过是水中月、镜中花罢了。

战国时赵国名将赵奢之子赵括，自幼酷爱兵法，谈起用兵的道理来头头是道，自以为天下无敌，连他父亲也不在他眼里。

在长平之战中，赵王听信了左右的议论，把赵括找来，问他是否能打退秦军。

赵括说：“要是秦国派白起来，我还得考虑对付一下。如今来的是王龁，他不过是廉颇的对手。要是换上我，打败他不在话下。”

赵王听了很高兴，便拜赵括为大将，去接替廉颇。

蔺相如对赵王说："赵括只懂得读父亲的兵书，不会临阵应变，不能派他做大将。"可是赵王对蔺相如的劝告听不进去。

而赵括的母亲也向赵王上了一道奏章，请求赵王别派她儿子去。赵王把她召来，询问何故。赵母说："他父亲临终的时候再三嘱咐我说：'赵括把用兵打仗看作儿戏，谈起兵法来就眼空四海，目中无人。将来大王如果用他为大将的话，只怕赵军都会断送在他手里。'所以我请求大王千万别让他当大将。"

赵王只能以"君无戏言"而推搪。

而赵括的母亲却问："如果您一定要派他领兵，如果他兵败了，我们家能不受株连吗？"

赵王很痛快地就答应了。

赵括统率着40万大军，声势十分浩大。他把廉颇规定的一套制度全部废除，下了命令说："秦国再来挑战，必须迎头打回。敌人若败，我军必追，非杀得他们片甲不留。"

秦相范雎得到赵括替换廉颇的消息，知道自己的反间计成功，就秘密派白起为上将军，去指挥秦军。白起一到长平，布置好埋伏，故意打了几阵败仗。赵括不知是计，拼命追赶。白起把赵军引到预先设了埋伏的地区，派出精兵2.5万人，切断赵军的后路；另派5000骑兵，直冲赵军大营，把40万赵军截成两段。

赵括这才知道秦军的厉害，只好筑起营垒坚守，等待救兵。但内无粮草，外无救兵，守了几十天的兵士们都叫苦连天，无心作战。赵括带兵想冲出重围，却不想被秦军乱箭射死。赵军上下听到主将被杀，也纷纷缴械投降。40万赵军，就在纸上谈兵的主帅赵括手里全部覆没了。

赵括自以为熟读兵书，定能攻无不克战无不胜。而结果却让赵国差点遭遇灭国的危险。孔子教育弟子说："君子讷于言而敏于行。"意思是说，君子说话要谨慎，而行动要敏捷；少说空话，多干实事。实际行动永远比空话重要，因为成绩是干出来的，而不是说出来的。的确，人不仅要树立目标，还要朝着目标去努力、去奋斗。只在理想的蓝图中期待着心想事成、如愿以偿，成功不仅遥遥无期，甚至连已拥有的东西都将失去。

由此，我们可以看出行动力对一个人、一个集体的重要。所谓行动力，是指完成预定目标的操作能力，是把理想、规划转化为现实成果的关键。然而，往往我们缺乏的是立即行动的魄力。从说到做，是质的跨越。就像从 0 到 1 的距离，常常大于从 1 到 100 的距离。许多人之所以不成功，往往是由于他们在门外徘徊太久。

对于努力工作的人，工作会给予他意想不到的奖赏。总是做得比应该做的更多，你就会出类拔萃。少说空话，多做实事，这样才会越来越接近理想的彼岸。

# 第十一章

# 人之所以浮躁，是因为内心没底气

## ——要踏实勤奋，眼高手低会自毁前程

“人浮于事”的一个重要表现就是浮躁、内心不安分，眼高手低，这样的人老想着去干大事，对小事从来不屑一顾，即便做了，也老大不情愿，心里感到不舒服，觉得自己受委屈了。有这种心态的人，别说大事了，就连小事也难以干好。所以，这样的人常常难以被委以重任，于是，机会总是绕着他们走，想成就一番事业更是难上加难。所以，要想让你的职业生涯走得更顺畅，就要懂得踏实勤奋，多去耕耘少言收获，能将小事做细，将细事做透，这样才能为自己赢得一个良好的职业前景。

### 01. 踏实比聪明和能力更重要

张欣是一家公司的部门经理，最近她给自己招了个助理——韩琳。25岁的韩琳，名牌大学毕业，聪明，性格活泼。小姑娘很聪明，不到一星期便掌握了全部的工作流程和待人接物的基本礼仪。后来，张欣开始让韩琳做一些部门间的协调工作，甚至连与客户之间的沟通和业务联系都让她去处理。

刚开始，韩琳经常出错，她很紧张。张欣看在眼里，劝慰她说，错了

没关系，尽力按照自己的想法去做。一次，她遇到问题了，就找到张欣，抱怨说，为何总让她去做一些琐碎的事。张欣当即问她：什么叫不琐碎的工作呢？

她答不上来，想了半天，跟张欣说：我觉得，我毕业于名牌大学，能力绝不仅仅能做这些，你该给我安排些更重要的工作。张欣告诉她说，刚毕业缺乏社会经验，该从基本的工作做起，只有把基本工作做好了，才有资格去做更重要的事。但这些话韩琳并没有听进去。

半年后，韩琳向张欣递交了辞呈。理由是：本科四年，功课优秀，没想到毕业后找到了工作，每天处理的都是些琐碎的事情，毫无成就感。比如说，你整天让我贴发票，然后报销，然后去财务走流程，我一名牌大学生不该做这些鸡零狗碎的事。

张欣笑道："你帮我贴发票报销已有半年时间了吧？通过这件事儿，你总结出了一些什么信息？"韩琳呆了半天，答道："贴发票就是贴发票，只要财务上不出错，不就行了吗，能有什么信息？"张欣笑道："十年前我刚到公司时，就是做的你现在的工作。本来这个工作就像你刚才说的，把票据贴好，然后完成财务上的流程，就可以了。但其实票据是一种数据记录，它记录了和总经理乃至整个公司营运有关的费用情况。那些看起来无任何意义的一堆数据，其实它们涉及了公司各方面的经营和运作。于是我就建立了一个表格，将所有总经理在我这里报销的数据按照时间、数额、消费场所、联系人、电话等记录下来。我起初建立这个表格的目的很简单，我是想在财务上有据可循，同时万一我的上司有情况来询问我的时候，我会有准确的数据告诉他。通过这样的一份数据统计，渐渐地我发现了一些上级在商务活动中的规律，比如，哪一类的商务活动，经常在什么样的场合，费用预算大概是多少；总经理的公共关系常规和非常规的处理方式，等等。当我的上级发现，他布置工作给我时，我总是处理得很妥帖。有些信息是他根本没有告诉我的，我也能及时准确地处理好。他问我为什么，我就告诉了他我的工作方法和信息来源。

“他基于这种良性积累，越来越多地交代更加重要的工作给我。渐渐地，一种信任和默契就由此产生。我升职的时候，他说我是他用过的最好的助理。”

听完这些后，韩琳直愣愣地看着张欣。张欣接着对她说：“我觉得你最大的问题是没有用心。你没有把你的心沉下来，所以，半年了，你觉得自己毫无成就感。”韩琳若有所思，收回了辞职报告。但又过了三个月，她还是辞职了。这次张欣没有留她，让她走了。

后来，韩琳经常在网上和张欣聊天，告诉她自己最近的工作情况。张欣了解到，在两年内，韩琳已经换了五份工作。每一次她都坚持不了多久。每一次都说新的工作不是她想要的工作。一年后，韩琳又辞职了，很苦闷，找张欣聊天，并一本正经地说：“我有些明白当初你对我说的那些话了，但现在似乎有些晚了，我已经荒废掉了近四年的时间。”

其实，所谓的职业生涯，就是在你当下的工作环境中踏实努力，达到你的职业目标。我们每个人很难预测自己将来要从事什么工作，所做的职业是否与大学所学的专业有关。大多数人，很有可能将来所从事的工作，跟其当初所学的专业一点关系都没有。毕业的前五年时间里，重要的不是你做了什么，重要的是你在工作中养成了什么样的良好的工作习惯。这个良好的习惯指的是，认真、踏实的工作作风，以及是否学会了如何用最快的时间接受新的事物，发现新事物的内在规律，比别人在更短的时间内掌握这些规律并且处理好它们。具备了以上的要素，你就能成为一个能被人信任和重用的人，你也一定会有不错的职业前景。

大多数新手，在工作的前五年时间内是看不出差距的。但这五年的经历就为你以后的职业生涯的发展奠定了基础，这是至关重要的。很多人不在乎年轻时走弯路，很多人觉得日常的工作人人都能做好，没什么了不起。然而正是这些简单的工作，循序渐进地、隐约地，成为今后发展的分水岭。

每个领导都需要聪明人，但更需要踏实的人。在聪明和踏实之间，领导者更垂青于后者。踏实，是人人都能做得到的，与先天条件没有太大的关系。所以，对于刚参加工作的年轻人来说，要想更早地获得上司的器重、机会的垂青，请先做一个踏实的人吧！

## 02. 多去耕耘，少言收获

“只求耕耘，莫问收获”是一种极其平易的生活态度。我们自己就像是农人，每一分辛劳，都是一种耕耘。而生活就是一方农田，随着年轮的增加，一春一秋的更迭，这方田里或减产或丰收，也直接决定了我们收获的快乐和幸福。

并不是到了应该收获的秋天时就一定能看到每家每户的“农家乐”。如果天公不作美，或旱或涝或虫或雹，这几种天灾，任何一种都会让“面朝黄土背朝天”的劳作成果化作泡影。同样，也并不是每一位农人的收获都是丰硕的

收获固然重要，但是农人却正是在耕耘这个过程中，充分享受了流汗、撒种、除草、施肥、灌溉的种种，也充分体现出作为一个农人的价值。当到了收获的季节，田地里所长出的每一粒粮食实际上都是对农忙的一种褒扬和回馈。天道酬勤，只有不断地去耕耘，让农田感受到你的付出，那颗颗种子才能更有力地破土而出。

“溪水清清下石沟，千湾百折不回头。一生治学当如此，只计耕耘莫

问收。”

这是中国著名的经济学家厉以宁1955年自北京大学毕业时写下的用以自律的七绝。

人们在做出一项决策或付出某些努力之前，总喜欢权衡利害得失，这本是人之常情，无可厚非。但有些人却过于患得患失，或纠结于事情的结果，或斤斤计较于可能付出的代价，就不免错失很多良机，或者使本应快乐充实的奋斗过程背上了沉重而痛苦的包袱。古今多少大家，一生治学，没有急于求成的思想，总是从容不迫，埋头苦干；但问耕耘，不求收获。等到积之久矣，自然水到渠成。

行事如此，做人亦如此。电视剧《乔家大院》中的乔致庸夫妇收服“铁信石”的故事也可以从另一方面做个参考。

“铁信石”原名石信铁，他的父亲卷入了乔致庸大哥在包头的高梁霸盘生意，后破产，全家除“铁信石”外全部自杀。“铁信石”从小离家跟高人学习武术，一心要为父报仇。

后来在“铁信石”成为一个流浪者，行将被饿死的时候，乔致庸的媳妇善良地收留、照顾了他，虽然他们当时并不知家族仇恨的内情。

乔致庸经商的过程中，不计个人得失，不图回报，谋求开通茶道，救助茶农；力争货通天下、汇通天下，为天下商人造福。这些，“铁信石”都看在眼里。

还有，乔致庸为其父母修墓，以为祭奠。“铁信石”感在心中。

所以，乔致庸在婚礼上没有被“铁信石”杀死，后来，“铁信石”的镖也放过了乔致庸。最后，“铁信石”因护主而死的。

“不播春风，难得夏雨”。倘若总问收成，而不事耕耘，结果只能是空无一物。

比如说读书。在如今倡导回归国学经典的文化氛围中，我们不难见到有这样一些人：频繁地去书店，每次都抱回厚厚的一摞书，可没过多长时间就都蒙上了灰尘，终究没有从头到尾读完过一本。是急于想求得某种立竿见影的收获的心境使其无法静坐。从书中汲取营养，就像进补中药一样：先要文火温煎，慢慢熬出药汁，再坚持长期服用，才能起到效果。

## 03. 切勿眼高手低，大才干都是从小事中被挖掘出来的

要有所成就，需要一个漫长的过程，就像是参加一场马拉松比赛，有初赛、复赛和决赛。初赛的时候，大家都刚刚进入社会，实力相当，这个时候，你一定要摆正心态，稍微努力、认真一点就可以让自己脱颖而出，所以，很多人在二十多岁就做了经理。要想成为这一群人中的一员，最为重要的就是要能够从小事做起，做他人不愿意做的事情，千万不能眼高手低，做好每一件小事是你赢得初赛的资本。

有这样一些人，他们在任何一家公司待的时间都很短，他们的年纪不小，但永远是职场上的新人。他们总是觉得自己能力超群，不能受到重用，无可奈何之下，就离开再跳槽到另一家。几年下来，没有练就一项专业特长或技能，没有积累多少经验，最终一事无成。这些人往往瞧不起那些小事，即便是做了，也不是心甘情愿，总觉得自己被屈才了，受委屈了。结果大事没做好，小事也干不了，什么成就都没有。这种人往往认为自己身怀雄才大略，却因为缺乏踏实、肯干的心态无法受到领导的器重。然而，一屋不扫，何以扫天下？小事情做不好，如何做成大事情呢？想做大事，就一定要有做大事的能力和心态，而这种能力则是经过一点一滴不断积累而成的。如果你每天总是想着一些不切实际的“大事”，不仅实现不了雄心壮志，连饭碗都有可能保不住。

饭要一口一口地吃，仗也要一场一场地打。即便你想受到重用，也要

从小事情做起。如果总是眼高手低，最终只能以失败告终。

曾经有记者采访李嘉诚时问道：“您的企业选用和启用年轻人的标准是什么？什么样的人是你最喜欢的？什么样的人您不敢用?”

李嘉诚语重心长地回答：“不脚踏实地的人，是一定会当心的。我看人并不保守，但是我认为，一个根本不好的人，还不懂得脚踏实地，这样的人信用就有问题，无论你如何有才，都是第二位的。”

天上不会掉下馅饼，从来没有不需要付出任何辛苦努力的工作，也没有唾手可得的收获。工作需要你付出体力、智慧和时间。只有乐意主动吃苦，锻炼自己，才有收获。你的吃苦耐劳带给企业的是业绩的提升与利润的增长，而带给你自己的则是知识、技能、才干、技能和经验的积累和增长，还有源源不断的机会。

高奋是一家大型机械生产公司的董事长，在过去十几年。他将自己规模不大的厂子发展成为当下的上市公司。在接受媒体采访时，他深有感触地说起了自己的成长经历：

在刚刚毕业上班的时候，我只是一个车间实习生。公司从原材料、制浆、再生产到出厂，所有的生产流程一共有25个车间，我被安排到其中的十个重点车间去实习。主要目的是进一步了解公司的情况，熟悉公司的设备运作与生产流程，同时还要与职工交流沟通，经受高温和各种体力劳动的考验以磨炼自己的意志。我豪情万丈地开始了学习，因为我觉得我需要这样的一个锻炼和接受考验的机会，这是我在公司站稳脚跟的基础。

我在车间开始一丝不苟地工作，十分注意观察和了解公司的工艺流程、掌握生产原理，并与员工聊天不断地拉近与他们之间的距离，我还积极参与搬运、推车、打件等这些极为细微的工作。我实习车间的温度高达50摄氏度，每天早上六点多钟就进车间，不到几分钟，我的衣服就会被浸透，一天要换几件衣服。但是我觉得正是那一个月的辛苦，才让我更彻底、更详细地了解了公司的运作流程以及各个部门的生产细节，这为我以后改进生产工艺奠定了坚实的基础，也是我将企业做大做强的基础。

由此可见，一个人的才能和经验都是从基层的各种细节工作做起的，只有脚踏实地，一点一滴不断积累，才能够一步一步地迈向成功。

阿里巴巴首席执行官马云曾经有过这样一番精辟的论断：“所有的MBA进入公司之后，首先都要从最基层的销售员做起，如果在六个月之后能够留下来，就可以继续留任。因为我想给他们更多的时间进行历练，只有沉得低，才能够跳得高。”

其实，这个世界上从来就没有什么“世外桃源”，任何工作都不如自己想象的那么完美，也都有不尽如人意的地方，作为一个有责任感的人，要正确地对待工作中出现的一些问题、挑战，勇于从小事做起，敢于吃苦，在小事中不断地提升自己的能力，才能迎来更加美好的职业前景，最终的理想才能得以实现。

## 04. 以小鸟为起步，以老鹰为目标

要想实现自己的大理想，就要以小鸟为起步，以老鹰为目标。当然，从平凡的小鸟做起，并不意味着要成为一个懦弱或者胆小的人，而是要以低调的姿态和诚恳的态度去面对你的工作，积极向上，敢于吃苦、肯干，并以老鹰为目标，合理地规划自己的职业生涯或发展生涯，朝着自己的大目标永不放弃地奋斗，逐步成就一番大事业。

以小鸟为起步，以老鹰为目标，其实也是告诉你，不能锋芒毕露，从平凡的小鸟做起，从最本职的工作做起，一步步地展现自己的实力，沉着地应对职场风云，才是最为高明的个人发展之道。

你能成为一只老鹰还是小鸟，在很大程度上都是由个性决定的，有些人胸怀大志，个性张场，在做事的时候太过高调，一旦有了成绩就希望全世界的人都能看到，锋芒毕露，这样只会成为众矢之的，断送自己的职业前程。

刘飞毕业于北京某知名大学，今年刚到一家科技公司上班。刚进新单位，他就发现自己周围的同事大都是四十多岁的中年人，经验虽然比他丰富，但是头脑却没他那么灵活，对电脑也都不太精通。刘飞很是高兴，认为自己以后可以在单位中大展拳脚了。于是，他就开始在自己的单位中卖弄起自己的聪明来。

“哎呀！电脑怎么能这么用呢?”“这方面你得听我的，这方面可是我的强项呀!”……办公室里经常听到他在指手画脚，口沫横飞。

有一次，领导叫他到另外一个单位去帮助解决电脑程序上的问题。接待刘飞的是一位中层领导，他热情地让刘飞到他的办公室中，并泡上一壶好茶，说：“你来了就太好了，我们这里有一台电脑不知道怎么了，每次打开不到十分钟就死机了，麻烦你给看看吧!”

刘飞慢吞吞地说：“没事，电脑方面我最在行，我还没遇到过我解决不了的问题呢。”喝完了茶他就去修那台电脑，不到五分钟就修好了。

那位中层领导很是高兴，连连称赞刘飞有能力。当时刘飞就有些飘飘然了，说：“其实电脑没有什么问题，主要是用这台电脑的人太笨了，他把一个程序设置成后台运行了，这个程序要占用大量的内存，如果再打开其他的程序，电脑就反应不过来了，不死机才怪呢。”

那个中层领导听了刘飞的话，脸色立刻就变得难堪起来，稍后对刘飞就爱答不理了。刘飞没注意到对方脸色的变化，还一直在那里吹嘘自己如何高明。

然而过了一段时间后，刘飞突然就被他所在的单位辞退了，主要是他太过高调，从来不顾及其他同事的感受。

为此，要在团队中做一只具备老鹰能力的平凡的小鸟，在平时收起所有的锋芒，用轻松、自然的状态与周围的人与事和谐相处。在风雨来临的时候，要有足够的能力去面对风雨的袭击，再以老鹰的能力承担起应该负的责任。这样以坚定沉稳的步伐，就一定能够成就一番大事业。

## 05. 卓越是“熬”出来的

对目标的坚持，就是一个“熬”的过程，就像齐天大圣在老君的炼丹炉中苦熬四十九天而成为火眼金睛，“熬”是一种力量，一旦爆发，必定惊人。

著名作家池莉说：“熬至滴水成珠，本身对人生来说，就是一个美妙景象，是一个美好的修炼过程。”道出了人生在奋斗中，忍受疼痛中，那种寻觅、安宁和喜乐的心情。

人生本身就是一个修炼的过程，这种修炼就是一种“熬”，煎药般的“熬”，煲汤似的“熬”。璞要经过工匠的千雕万凿，才能成为价值连城的美玉；蛹要经过痛苦的四次脱皮，才能变成翩翩起舞的飞蝶。渴望成功就不要畏惧“熬”的艰辛。李时珍撰写医药典籍，历时 27 年，访遍名山大川，尝遍百花野草，终于著成《本草纲目》造福后代。司马迁为给后人留下公平的历史记载，忍辱负重，煎熬十年，终成《史记》，为后人研究古代历史提供了最详尽的史料。如此，我们可以看出，每一个成功者无不具备坚强不屈、百折不挠的心志，才能熬得住艰辛，挺得起人生。

新东方创始人俞敏洪说：“成功是熬出来的。别人需要五年做的事情，我做十年；别人做十年的事，我做 20 年。只有坚持下来，即便不成功，也尽力无悔了。”能够实现梦想的那个人，往往不是最有才华的人，而是“熬”到最后，也绝对不放弃的那个人。

“熬”的过程是一个自我修炼的过程，它可以增强我们的心智，练就忍耐、沉稳与坚韧。在收获平和心态的同时，我们便会逐渐地经得住折腾，担得起风浪，苦尽甘来的感觉是极为珍贵的，就如老酒一般，经过长时间的酝酿，才能历久弥香。一个抱着自己的人生目标“熬”了20年的人，会有怎样的结果呢？

他是一个农民的儿子，初中还没毕业就因为贫困的家境只能辍学务农。

18岁的时候，他的父亲去世了，家里全部的重担都压在了他稚嫩的肩上。他不光要照顾身体不好的母亲，还要照顾瘫痪在床的祖母。那时候是20世纪80年代，农田承包到户，他把分到的一块水洼地挖成池塘，想养鱼。但村长告诉他，水田不能养鱼，只能种庄稼，他只好又把水塘填平。这件事成了村里的一个笑话，在别人的眼里，他是一个想发财快想疯的，但是又很愚蠢的人。

后来，他听说养鸡能赚钱，就向亲戚借了600元钱，养起了鸡。但是偏偏遇上一场洪水，鸡得了鸡瘟，几天内全部死掉。600元对别人来说可能不算什么，但是对于一个只靠几亩薄田生活的家庭而言，不啻一个天文数字。他的母亲受不了这个刺激，忧愁而终。

为了挣钱，改变家里的穷苦，他酿过酒，捕过鱼，甚至还在石矿的悬崖上帮人打过炮眼……虽然付出了很多的辛苦和劳动，可都没有赚到钱，他的生活仍然一贫如洗。

他不甘心这辈子只能这样度过，那一年他四处借钱，买来了一辆手扶拖拉机。谁知上路还不到半个月，就出了事故。拖拉机载着他冲到了农田的一条暗沟里，不但拖拉机变成了一堆破铜烂铁，他自己也被压断了一条腿，从此变成了瘸子。

35岁的时候，他还没有娶到媳妇。即使是离异的有孩子的女人也看不上他。因为他是个一无是处的瘸子，而且，他仅有的财产就是一间用泥土堆成的、一场大雨都可以冲毁的小屋。在农村，35 岁还娶不上老婆，会让所有人都看不起。

那时候，村里人都说，他这辈子，只能这样了。

可是，不甘心的他，怎能让生命就这样淹没在别人的鄙视之下？于是，他和那时候大多数的年轻人一样，选择了外出打工。在广州、深圳，他在工厂里做过生产线上的工人，在路边支起一张小桌子兜售过水果，甚至，他还想要去读书“充电”……他做这些，并不是因为所谓的有志气，仅仅是希望摆脱贫困的生活，让众人的鄙夷变成艳羡。这些，才是他拼命坚持的背后的动力。

走进城市，有心的他看到了商贸物流业发展的巨大潜力，于是跟人借了 5000 块钱，办起物流公司。起初因为资金少，他只好亲自跑到广州进沙发，一次只能运回一套至两套。他不是一个轻言放弃的人。不到两年，即便是在冬天淡季，他一个月也能赚到几万块钱。

不久前，他又请人制作了公司网站，将业务搬到网上，全国各地的订单像雪片一样飞来。现在他的公司拥有一百五十多辆合同车，与陕西、安徽等十几个城市建立了业务关系。现在的他每天上班第一件事，就是先打开电脑浏览网上订单，然后指挥员工装卸货物……

在他的努力坚持下，成功终于慢慢地垂青了这个已经不算年轻的瘸腿男人，现在的他再也不是当初那个打零工的农民工，更不是路边水果摊的小老板，而是拥有上亿资产的物流公司老板。

他就是从农村闯出来的刘福刚，现在他的名字同样不被很多人知晓，但是在他的家乡，他无疑是最值得敬佩的人，他在别人的嘲笑和蔑视中，坚持了下来，经过无数次的拼搏，他终于获得了成功。

后来，有媒体记者向他讨取成功经验时，他调侃地说道：“比我有才能的人，没有我努力；比我努力的人，没有我有能力；既比我有才能，又比我努力的人，没有我能熬！”

这话回答得何等恰切！刘福刚的成功的确是在艰难之中熬出来的，正因为他 20 年如一日地潜心“煎熬”，才换来了今天的辉煌成就。

真正潜心做事之人都有体会：成功是“熬”出来的。所谓“熬”，就是磨炼心性、聚精会神做一件事的过程和态度。一个“熬”字，多少时光岁月流转、多少点滴琐碎。“熬”字就是“难”字，就是“慢”字，就是“痛”字，就是“忍”字。明白这些转换，才能体会“熬”的无尽内涵。这种“熬”的结果，即便不成功，也诠释了最好的自己。

古人曰：“天将降大任于斯人也，必先苦其心志，劳其筋骨，饿其体肤，空乏其身，行拂乱其所为，所以动心忍性，曾益其所不能。”卓越和伟大都是“熬”出来的，生命从忍受煎熬到享受煎熬的过程，就完成了一个成大事者历经磨砺进而蜕变腾飞的华丽转身。只有熬得住苦难的沉重，爆发时，才能撑得起未来的辉煌。

## 06. 把最简单的事情做好就是不简单

“什么叫作不简单？能够把简单的事情天天做好，就是不简单；什么叫作不容易？大家公认的、非常容易的事情。非常认真地做好它，就是不容易。”这是海尔集团总裁张瑞敏的精彩语录之一，仔细揣摩，这几句话蕴涵着深刻的道理。能把简单的事情做好，需要的仅仅是毅力，能把复杂的事情做得很简单，绝对是天才！

所谓的高手，就是能够将重复的、简单的日常的工作做精细、做专业，并恒久地坚持下去。中电科技总裁穆世强说：“评价一个人能力的强和弱，不能仅以一次举起 200 斤的杠铃来衡量，如果下定决心，很多人都可以做到。但是，要将一件简单的事坚持不懈、始终如一地做好就不易了！比如拿一根绣花针，没有人办不到，但是如果要求你以一个姿势拿着，走上几公里或者保持几个小时，有几个人可以做到？”最优秀的人是想方设法完成任务的人，最优秀的人是不达到目的誓不罢休的人，最优秀的人是为了一个简单而坚定的想法，不断地重复，最终使之成为现实的人。

一天，城中最大的演讲堂中座无虚席，一位著名的推销大师要在这里做告别自己职业生涯的演讲。大幕拉开的时候，舞台上搭着一个十分高大的铁架，铁架上面吊着一个巨大的铁球。

推销大师告诉大家，今天的目标就是用这个铁锤去敲打那个吊着的铁球，直到它荡起来为止，所有的人都可以参加。

很多年轻人自告奋勇拿起铁锤，摆好了架势，抡起大锤，奋力地向那个吊着的铁球砸过去，发出了震耳的响声，而那个吊球仍旧没动。接下来，一个年轻人就用大铁锤接二连三地砸向吊球，很快就气喘吁吁，铁球仍旧没动一下。另一个人也不甘示弱，把那个大铁锤敲得叮当响，但铁球仍旧纹丝不动。

台下立即平静了下来，观众好像认定那是没用的，就等推销大师做解释。

然而，推销大师的举动让在场所有的人都难解：他从口袋中掏出一个小锤，然后认真地对铁球“咚”敲了一下，然后停顿一下，再一次用小锤“咚”敲了一下。人们都奇怪地看着，推销在师就这样“咚”地敲一下，然后再停顿一下，就这样持续不断地做。

十分钟过去了，20分钟过去了，会场早已开始骚动。推销大师仍然用小锤不停地工作着，他好像根本没有听见人们的喊叫。

忽然，一位听讲者尖叫一声：“球动了！”会场立即鸦雀无声，人们聚精会神地看着那个铁球。那球以很小的摆度动了起来，不仔细看很难察觉。推销大师仍旧用小锤敲着，吊球在一锤一锤的敲打中越荡越高，它的巨大威力强烈地震撼着在场的每一个人。

推销大师开口讲话了，他只说了一句话："我成功的秘诀就是简单的事情重复做、认真做，以百倍的恒心和耐心等待着成功的到来。"

成功，就是简单的事情重复地做，成功其实不难，只要重复简单的事情，养成习惯，一旦你产生了一个简单而坚定的想法，只要你不停地重复它，终会使之变成现实。

把一件简单的事情重复做，认真做，就是一种卓越！一件事情的结果，取决于你采取什么样的行动，你的行动取决于你的思维。人的任何改变首先取决于思维，正确的思维主宰着行动与结果。

有位年轻人在一家制丝厂工作，制丝是流水线作业，哪一个环节出了问题就会影响到整个工艺。一个岗位一个人，一个萝卜一个坑，每天面对的都是相同的工作，单调而又枯燥，平凡而又简单，但是他知道，只要忍受枯燥，把平凡的事情一千遍、一万遍做好就是不平凡。几年来，因为他所在的工序出的错误最少，他被提拔为生产部门主管。

所以，想让人刮目相看，要想引人注目，那就请从现在开始做好你手中最平凡、最细小的工作吧，哪怕这个工作不需要什么技巧与能力，也要持之以恒，少出差错，最终，你会发现成功在前方向你招手。

## 07. 做得越多离成功就越近

美国富豪比尔·盖茨说过："你能够使成功成为你生活中的组成部分，能够使昨日的理想成为今天的现实——但是靠愿望和祈祷是远远不够的，必须通过你付出更多的努力才能实现。"事实上，那些有成就的人比一般人更能吃苦，更加努力，更加勤奋，而且他们做的一定更多。他们不是被动地等待别人分配任务，而是积极主动地去寻找目标和任务；他们不是被动地去适应各种新要求，而是主动去研究、变革所处的环境，尽量提高质量并创造出更多有意义的贡献。在这个过程中，就可以汲取一些经验，同时也汲取走向成功的力量。

著名投资专家约翰·坦普尔顿通过大量的观察研究，得出了一条很重要的原理："多一盎司定律。"盎司是英美制重量单位，一盎司只相当于1/16磅。坦普尔顿指出，取得突出成就的人与取得中等成就的人几乎做了同样多的工作，他们所做出的努力差别很小——只是"多一盎司"。但其结果，所取得的成就及成就的实质内容方面，却有天壤之别。

获得成功的秘密在于不遗余力——加上那一盎司。多一盎司的结果会使你极尽所能地发挥你的天赋。这微不足道的区别，会让我们所做的工作大不一样。

"多一盎司定律"可以运用到各个领域。实际上，这是走向成功的普遍规律。我国著名企业海尔的产品合格率之所以能达到100%，其秘诀就是运用了"多一盎司定律"。

由于电冰箱对当时的消费者来说是家庭中的大件，许多家庭买来之后，都放在房间的显眼位置。基于此，海尔对冰箱的各项技术指标的要求均高于国家标准，其中主要的七项指标实测值均优于世界发达国家水平。为满足当时用户对高档家电的特殊需求，海尔对外观、噪音等的要求特别严格。如冰箱外观，国家标准要求是15米以内看不出划痕，而海尔的要求则是5米以内不得看出划痕；对于噪音这一指标，国家规定为52分贝，海尔的内控标准为50分贝，这无疑加强了自身的"修炼"。

尽职尽责完成工作的，最多只能算是称职；如果在自己的工作中再"多加一盎司"，就有可能成为优秀。付出比别人更多的努力，就有可能获得比他人更进一步的成功。

另一方面，很多人一直认为成功是和天赋有关。事实上，天才98%是由汗水换来的，不去努力付出更多，那2%的灵感就将变得没有丝毫意义。心理学家K. 安德斯·埃里森和两名同事的"一万小时练习"的实验可以证明这一点：

这个实验室是在20世纪90年代初期，安德斯·埃里森和两名同事在柏林精英音乐学院完成的。在学院教授的帮助下，他们将学校的小提琴手们分成三组：第一组明星云集，都是有潜力成为世界级演奏家的学生；第二组的学生仅仅是“好”；第三组学生都不像是会成为职业演奏家的，他们的更大可能是在公立学校系统中做音乐教师。所有的小提琴演奏者都被问到一个问题：从你第一次拿起提琴开始，在你的整个生涯中，你一共练习了多少小时？

三组学生中的每个人几乎都在同样年龄开始拉琴：5岁左右。最初几年，每个人练习时间大致相同，都是每周2～3小时。但是当他们到8岁时，区别开始出现。那些如今显示出最有前途的学生，开始练习得比其他人更多：9岁前每周6小时；12岁前每周8小时；14岁前每周16个小时，不断累加；到了20岁时每周练习30个小时以上——这时他们满脑子想的都是拉琴，怎样拉得更好。事实上，到20岁时，出色的演奏者都已经练习了至少1万个小时。与之形成对比，仅仅称得上“好”的学生，累计练习了8000个小时；未来会成为音乐老师的孩子，累计练习了4000个小时。

然后，埃里森和他的同事们比较了业余钢琴家和职业钢琴家。同样的规则中，童年时期，业余钢琴家每周弹琴从未超过3小时，到20岁时他们的累计练习时间是2000小时。与之形成对比的是，职业钢琴家稳步地提升每年的练琴时间，到了20岁时，和小提琴演奏者们一样，他们累计练习时间已经超过1万个小时。

埃里森的研究中最让人震惊的是，他和同事们并没有发现任何“天赋”的影踪，比如当同龄人都在苦哈哈地练琴时，某个音乐家已能毫不费力地达到很高水平。同时他们揭示出：一旦一名音乐家拥有足够能力进入最高级别的音乐学校，将一名演奏者和另一名演奏者区分开来的，就是他们的努力程度。事实正是如此，而且更加需要关注的是——那些最顶尖的音乐家，不仅仅是比其他人努力，他们是非常非常努力。

我们可以在现实中找到这样的实例来佐证：没有所谓的天才，无论是莫扎特作曲还是披头士的现场演出，他们都经过了一万小时的练习：

1960 年到 1962 年末，披头士到汉堡去了五次。第一次，他们演了 106 晚，每晚五个小时以上。第二次，他们演出 92 场。第三次，他们演出 48 场，在台上待了 172 个小时。最后两次汉堡之行在 1962 年 11 月和 12 月，一共是 90 个小时的演出。加起来，他们在一年半的时间内演出了 270 场。到他们 1964 年一鸣惊人时，他们大概现场演出了 1.2 万个小时。

这个数字惊人之处在于，今天的很多乐队，整个职业生涯也没有演出过 1.2 万个小时。

看来，我们必须要接受“做得越多离成功越近”的观念了。那么，对于在当今激烈竞争中的年轻人来说，这一信条又如何更好地在现实中体现呢？——每天多做一点儿。

的确，全心全意、尽职尽责是你分内的事，但同时你可以选择多做一点“分外”的活，比别人期待的更多一点，以鞭策自己快速前进。率先主动是一种珍贵且备受赞赏的素养，它能使人变得更加敏捷、更加积极。哪怕你只是普通职员，“每天多做一点”的工作态度也能使你从竞争中脱颖而出。你的老板、委托人和顾客，你周围所有的人都会关注你、信赖你，从而给你更多的机会。

卡洛·道尼斯最初为杜兰特工作时，职务很低；而在不到一年的时间里已经成为杜兰特的左膀右臂，担任其下属一家公司的总裁。他之所以能如此快速地升迁，秘密就在于“每天多做一点儿”。来听听卡洛·道尼斯是怎么说的：

“在为杜兰特先生工作之初，我就注意到，每天下班后，所有的人都回家了，而杜兰特先生仍然会留在办公室里继续工作到很晚。因此，我决定下班后也留在办公室里。是的，的确没有人要求我这样做，但我认为自己应该留下来，在需要时为杜兰特先生提供一些帮助。

“工作时杜兰特先生经常找文件、打印材料，最初这些工作都是他自己亲自来做。很快，他就发现我随时在等待他的召唤，并且逐渐养成招呼我的习惯……”

杜兰特之所以习惯了召唤道尼斯，是因为道尼斯主动留在办公室，使杜兰特随时可以看到他，并且提供诚心诚意的服务。他这样做获得额外的报酬了吗？没有。但是，道尼斯获得了更多的机会，使自己赢得老板的关注，最终获得了提升。

“每天多做一点儿”不仅能彰显自己勤奋的美德，而且能发展一种超凡的技巧与能力，使自己具有更强大的力量，那么你的收获就会远远超过你的想象。

## 08. 多琢磨事，少琢磨人

孔子在《论语・述而》中讲道：“君子坦荡荡，小人长戚戚。”意思是说，君子坦荡、达观，无论得意还是艰困，都能够做到俯仰无愧；小人常为名利所绊，患得患失，所以悲切、忧愁。也是告诉人们为人做事不能成天琢磨别人，猜疑别人，致使自己患得患失，常戚戚。与其这样，不如把这些工夫用在做事上面，所谓多琢磨事，少琢磨人，这不仅是孔子的为人之道，也是当下我们所大力提倡的做人法则。

1835 年 5 月 12 日，安吉鲁生于法国阿尔勒小镇一个富裕的家庭。

1966 年 5 月 12 日，是安吉鲁 131 岁的生日。当记者问及她长寿的秘诀时，她对记者说道：“人要乐善好施，千万别琢磨人、算计人！健康是福，是最大的财富，花几百亿也买不来一天的寿命！”

同时，安吉鲁还向他讲述了一个她亲身经历的故事：

那是在她100岁的时候，一位不速之客找到她，此人叫拉伯莱，是法国有名的法律公证人。他非要每月给安吉鲁一笔3000法郎的养老金，让安吉鲁安享晚年。这使年迈的安吉鲁喜出望外，不过她心想：天上真的能够掉馅饼吗？世间哪有这样的好事情呢？在安吉鲁的一再追问下，拉伯莱终于说出了自己的想法：养老金不是白给的，安吉鲁去世后，她祖先留下的那幢房子要归拉伯莱所有。安吉鲁微微一笑，便答应了，并到公证处做了公正。

当年的拉伯莱年富力强，仅有47岁。他的如意算盘是：百岁的安吉鲁再活七八年可能也就要走人了。

贪心的拉伯莱每天都企盼着安吉鲁赶紧死去，但安吉鲁却一直健康如常，而且越活越带劲儿。但工于心计的拉伯莱却抑郁寡欢，健康每况愈下，终于在他77岁的时候，患心肌梗塞而一命归西。到拉伯莱死时，几十年间先后给安吉鲁的90万养老金，高出当时的房价三倍之多。

安吉鲁老人在得知拉伯莱的死迅时，伤心地流泪，十分惋惜地说道：“他有很高的文化，可惜这么聪明绝顶的人怎么也会做亏本的生意呢？”

拉伯莱就是一个爱琢磨别人的人，因为算计别人，最终却因为劳心费力，算计了自己，实在得不偿失。

一个人丢失了斧头，怀疑是邻居的儿子偷的，从此后他便每天观察邻居儿子的言谈举止、神色仪态。这样一观察，他觉得邻居的儿子怎么看都是贼的样子，思索的结果进一步强化了他原来的假想，于是他便断定贼就是邻居的儿子。可是过了不久，他在山谷里找到了自己丢失的斧头，这时候他看那个邻居的儿子，竟然一点也不像偷斧的贼了。

这就是“疑人偷斧”的故事。这个人无疑是个成天爱琢磨别人的人，一开始他就给事情下了结论，然后走进了猜忌别人的死胡同。如果不是后来找到了斧头，想必他还会做出更出格的事情。

很多时候，猜疑别人，算计别人，就像是一条无形的绳索，它会捆绑我们的思路，使我们远离朋友。如果疑心过重的话，就会因一些根本没有发生的事情而忧愁烦恼，郁郁寡欢，其结果是可能无法结交到朋友，变得孤独寂寞，这对身心健康也是极为有害的。

孔子说，君子坦荡荡，我们在社会上立足，就要坦坦荡荡做事，问心无愧，少琢磨人，多琢磨事。即便在面对流言蜚语时，也要保持冷静，坦诚相待，须知，“长相知，不相疑；不相疑，才能长相知”。

## 09. 别让薪水捆绑自己，敢于和业绩“叫板”

你想成为公司里最受关注的焦点吗？你想让经理对你另眼相看吗？那就要付出行动，这不是简单一句话的事，而是要看你以怎样的心态去面对工作，敢不敢不计报酬地与业绩“叫板”，这也是你取得成功的支点。阿基米德说：“给我一个支点，我可以撬动地球。”只要你拥有足够好的业绩，何愁撬不动让自己满足的高薪呢？

不满足于现状，梦想成功，是每个职场人士所孜孜以求的目标。然而，在现实中，很多人不是在寻找成功的支点，而总是在抱怨失败的结果：

“我毕业于名牌大学，在公司混了这么多年，还只是拿着很低的薪水，老板简直太黑了！”

“我就是公司的一头老黄牛，吃的是草，产的是奶，什么时候我能够吃的是奶，产的是草就好了。”

“为何我这么努力，老板还不给加薪？”

凡此种种，不一而足。

努力了就一定得给加薪，付出了就一定要得到回报，工作久了就一定会得到升职，这是多数人的惯性思维。他们的思维仅仅被禁锢在薪水、报酬上面，这样的抱怨，其实也是一种自卑的表现，也是对自我能力不足的心理的焦虑。要知道，企业衡量一个人能力的标准就是你做出了多少业绩，而不是你付出了多少努力。一个人做什么、做多少其实不是最重要的，重要的是你的成果是什么。有句话说，业绩给人重量，报酬给人光彩。多数人只是看到了光彩，而不去称重量。为此，要想获得成就，获得高报酬，就必须要问问自己做出了多少业绩。

衡量你自身价值的是业绩，要获得高报酬，就一定要借助公司这个平台不断地提高自己的能力，并将能力转化为实实在在的业绩。不要总清高地认为自己有能力、有才华，进入一家企业后，横挑鼻子竖挑眼，总觉得自己大材小用，总想着老板该付给自己更多的薪水，跟老板“叫板”不算本事，有本事，与业绩叫板。

张华大学刚毕业的时候，他就看上了一家广告公司，很想加入这个公司。因为这家公司很有实力，有着强大的策划团队和管理理念。张华认为，自己在这家公司工作，能够让自己快速成长起来。

通过面试后，令张华感到意外的是，这家公司竟然开出1000元的工资，而且还没有奖金提成，这让许多刚毕业的大学生望而却步。但是张华却选择了坚持，他相信，这家公司可以让自己学到很多东西，这些东西能让他终生受用。

加入到这家公司之后，张华全身心地投入到了工作中，勤奋地向老员工虚心学习，抓住每一个提高自己能力的机会。渐渐地，他在这份工作中得到了锻炼，积累了经验，工作技能和工作水平得到了彻底的提高。

三年之后，张华因为在工作中表现突出，得到领导的肯定，而他也因此被提升到了广告总监的位置上，薪水翻了好几倍。

张华不计较薪水的高低，把工作看成自身生存和个人发展的平台，尽心尽力地面对工作，积极主动地做好每一件工作，做出了卓越的业绩，最后得到了老板的认可和赏识。

由此可见，从心底热爱工作，改变自己对薪水的理解，不要被薪水所局限，而要将承担责任、尽职尽责，视为工作的一种快乐和幸福，并在这种负责中感受到自身的价值，最终你将获得事业的提升。

成功学大师卡耐基说："不可过分追逐金钱，金钱本身给你带来不了什么；追逐金钱，会给人一种为了活着而活着的感觉。为活着而活着是一种原始的生活，是文明的现代人所不能容忍的。"薪水固然重要，但它并不是全部，我们的目标是要在职场中去实现自己的价值。虽然说金钱是对我们努力工作的一种肯定，但是这种肯定并不是我们工作的全部。人生是一个不断学习的过程，对于初涉职场的我们来说，就更是如此了。

我们应该把目光放得长远一些，这样，我们才会发现更有价值的东西。薪酬是会改变的，而决定薪酬高低的是我们的业绩，我们要学会与业绩"叫板"。

正如思科公司前总裁约翰 · 钱伯斯所说："我们不能把工作看作是为了五斗米折腰的事情，我们必须从工作中获得更多的意义才行。"对于期待事业长远发展的人来说，无论薪水高低，他们都要热爱工作，在工作中都要尽职尽责、力创业绩，这往往是事业成功者与失败者之间的不同之处。

## 10. 将小事做细，将细事做透

"泰山不拒细壤故能成其高，江河不择细流故能就其深"，此可谓成也"细节"；"千里之堤，毁于蚁穴"，此可谓败也"细节"。细节绝不是细枝末节，踏实勤奋的人都能将小事做细、将细事做透，才能够从细节中找到机会，从而使自己踏上成功之路。

一个下午，天空中猛然间乌云密布，瞬间下起了倾盆大雨，行人纷纷进入就近的店铺躲雨。一位老妇蹒跚地走进费城百货商店避雨，面对她略显狼狈的姿容和简朴的装束，所有的售货员对她都显得不耐烦，甚至视而不见。

一会儿，一个年轻人走到老妇人面前，诚恳地说："夫人，我能为您做点什么？"老妇人莞尔一笑："不用了，我在这儿避避雨，马上就走。"不久，老妇人显得有些心神不定，不买人家的东西，却在人家的屋檐下避雨，似乎有些不好意思，于是，她开始在百货店里转起来，哪怕是买个头发上的小饰物呢，也算是给自己找个心安理得的避雨的理由。

正在她犹豫不决，不知道该买什么东西的时候，那个小伙子又走了过来说："夫人，您不必为难，我给您搬了把椅子，放在门口，您完全可以坐在这里休息。"两个小时后，雨过天晴，老妇人向那个年轻人道谢，并向他要了张名片，慢慢地走出了百货商店。

几个月过去了，费城百货商店公司的总经理詹姆斯收到一封信，信中指名要求将这位年轻人派往苏格兰收取一份装潢整个城堡的订单，并让他负责家族所属的几个大公司下一季度办公用品的采购订单。詹姆斯感到非常惊喜，匆匆一算，这一封信所带来的利益相当于他们公司两年的总利润！

他迅速地与写信人取得联系，这才知道，这封信出自那位几个月前曾在费城百货商店躲雨的老妇人之手，而那个老妇人，正是美国的亿万富翁、"钢铁大王"卡耐基的母亲。

百货商店的经理詹姆斯马上把这位叫菲利的年轻人推荐到公司董事会上。毫无疑问，当菲利打起行装飞往苏格兰时，他已经成为这家百货公司的合伙人了。那一年，菲利才22岁。在后来的几年中，菲利以他一贯的忠实和诚恳，成为"钢铁大王"卡耐基的左膀右臂，事业扶摇直上、飞黄腾达，成为美国钢铁行业仅次于卡耐基的富可敌国的重量级人物。

由此可见，并不一定要做出一番惊天动地的大事才能获得成功，从小事做起，将小事做细，将细事做透，你便具备了成功者的品质，同时也拥有了成功的机会。

诚然，做到细节未必就能令人获得机会，但是，不关注细节，注定不会获得如此机会。习惯收获性格，性格收获成功。正所谓：莫以恶小而为之，莫以善小而不为。一个人的品性与其成功密不可分，只有将细节做好，才能成就辉煌的人生。

能将小事做细，将细事做透的人，往往是认真的人，这样的人，在工作中能生产出最优秀的产品。也只有认真的人，才能做出最为卓越的业绩。

注重细节是一种积累，也是一种智慧，是一种长期的准备。在工作和生活中，如果我们关注了细节，就可以获得一些机遇，为将来的成功奠定基础。

细节显示差异，细节决定成败。在这个追求完美的时代，细节不仅能反映出一个人的专业水准，而且还能显出一个人内在的素质。

有一个女孩，她相貌平平，在一所极普通的中专学校读书，成绩也一般。她到一家合资公司去应聘，外方的经理看了她的材料，没有表情地拒绝了。女孩收回了自己的材料，站起来准备走，突然觉得自己的手被扎了一下，看了看手掌，上面沁出一颗血珠，原来是凳子上一个钉子露出在外面。她见桌子上有一块镇纸石，便拿过来用劲把小钉子压了下去，然后微微一笑，说声再见转身离去。几分钟后，那家公司的经理派人在楼下追上了她，她破格地被那家公司录用了。

是什么改变了她的人生？压钉子只是小之又小的事，但细节决定了她的成败。正因为把握住了每一个细节，无意中为她创造了一个机会。这就告诉人们，有时机会就在你手里，并不需要你刻意去做什么，决定命运的往往是一些小事。决定小事的就是教养、人格和胸襟，等等。有了这些，你才能轻易地把握细节，把握住机遇，人生才会精彩、辉煌。

把每一件简单的事做好就是不简单，把每一件平凡的事做好就是不平凡。在工作中，能将小事做细，将细事做透，成功便会在不远处向你招手。

# 第十二章

# 人之所以会暴躁，是因为涵养不够

## ——冲动是魔鬼，脾气走了福气就来了

有位哲人说，越是有故事的人，越是沉静简单，越是肤浅单薄的人，越浮躁不安。真正的强者，不是没有脾气，而是在怒气来袭之前懂得控制自己。遇事耐心点，便能顺当点，即便是遇到看不顺眼的人或事怒不可遏，也要停下来先想想发怒的后果。生活中，能将人彻底推入绝境的，往往不是欠缺的能力，而是不可抑制的坏情绪。俗话说，冲动是魔鬼，所以，要做一个不浮躁的人，就要懂得克制自己的脾气，脾气走了，福气自然也就降临了。

### 01. 将愤怒化为前进的动力

工作中，我们常会因为上司的一句不经意的批评而情绪低沉，也会因为本能做好但却搞砸的工作而郁郁寡欢，也可能因为他人的嘲笑、挖苦而想怒火中烧，也可能因为目前自己的身体状况不佳而愁眉不展……我们之所以会为此痛苦、烦躁，都是因为自己无法处理面临的各种困难，这些难题不会随着时间的流逝而淡化，反而会逐渐成为巨石甚至大山一样的负担。时间越长，人越容易发现自己依旧不能解决这些难题。这种负担是人痛苦的起源。究其本质，则是我们不能承担这种负担，无法解决困难，改

变自己的处境。

这就可以理解为，人在面临难以解决的困难时通常是软弱的。而人苦于无法解决困难，逐渐认识到自己无能为力，除了怨天尤人之外，唯一的宣泄只能是愤怒，而且是针对自己的愤怒。只不过，很多人都会将这种愤怒宣泄到他人身上，这是不理智的行为。所以，要做一个智者，请别轻易将愤怒“写”在脸上，更别轻易发怒，而是要像卡耐基所说的，与其愤怒，不如学着从困境中吸纳长处和精华，化为自己强身壮体的“钙质”。

这一天，49 岁的伯尼·马库斯像往常一样，拎着心爱的公文包去公司上班。

在二十多年的职业生涯中，他始终都是勤勤恳恳、兢兢业业，才坐到今天职业经理人的位置上。他只需要再这样工作 11 年，就完全可以安安稳稳地拿到退休金了。可是，他万万没有想到，这却是他在公司工作的最后一天。

“你被解雇了。”

“为什么？我犯了什么错?”他惊讶地问。

“不，你没有过错，公司发展不景气，董事会决定裁员，仅此而已。”是的，仅此而已。他听到这个理由，内心的怒火顿时蹿上来，想在公司大闹一场，把董事会的成员给揍一顿。但是，他却控制住了。因为他知道，接下来解决繁重的家庭开支才是最主要的，愤怒能解一时之气，却并不能解决全家的生活问题。

在那段日子里，他经常去洛杉矶一家街头咖啡厅，一坐就是几个小时，化解内心的痛苦、迷茫和巨大的精神压力。

有一天，伯尼·马库斯遇到了自己的老朋友——同样遭到解雇的亚瑟·布兰克。他俩互相慰勉，一起寻求解决的办法。“为什么我们不自己创办一家公司呢?”这个念头像火苗一样，点燃了两人压抑在心中的激情和梦想。于是，就在这间咖啡店里，他们策划建立新的家居仓储公司，制定出了“拥有最低价格、最优选择、最好服务”的制胜理念和使这一理念得以成功实践的一套管理制度，然后就开始着手创办企业。那是1978年春天。

20年后，他们由名不见经传的小公司发展成为拥有775家分店、15万名员工、年销售额300亿美元的世界500强企业之一，就是闻名全球的美国家居仓储公司，成为全球零售业发展史上的一个奇迹。奇迹开始于20年前的一句话：你被解雇了！

普京说：“没有实力的愤怒毫无意义！”当你人生陷入困境中时，愤怒除了给你增加痛苦和精神压力外，毫无任何用处。要知道，你的愤怒、生气是一种无能的表现，不仅会毁了你的形象，还会将你的缺点和短处暴露无遗。所以，与其无休止地愤怒，不如及时行动，努力去改变或扭转既定的事实！正如马库斯一般，在绝望中寻求希望，再付诸行动，才能真正解决你的问题。

## 02. 气愤时，请别做任何决定

生活中的很多悲剧都是因为我们的愤怒情绪所造成的：因一句话与人不和，便说一些过激的话，因而毁了一桩生意；因小事生气而断送一段美满的婚姻；因一时之气而伤了和气，葬送了一段珍贵的友谊……人在气头上，难免会被强烈的愤怒冲溃了理智，以至于做出不理智的事。其实这是许多人的通病。对此，心理学家指出，人在愤怒的时候，智商是最低的，尤其在愤怒的关头。生活中，很多不理智的决策往往都是因为我们没有一个良好的情绪状态，所以要使自己的人生不后悔，就请别在愤怒时做任何决定。

刚毕业的大学生张勇，很想在媒体广告业大展宏图、一施抱负。但因为缺乏工作经验，多数公司都不愿意录用他。后来几经波折，经亲戚推荐，好不容易到了一家有良好发展前景的广告公司上班。

张勇对该公司的工作环境、人事结构、薪资水平等都很满意，尤其对个人未来的发展充满了信心。因为他是新人，上司为了锻炼他，就让他从最基本的端茶、倒水的工作开始干起。这让张勇很是不满，觉得上司不尊重人才，于是经常生出许多抱怨来。

一次，因为张勇的疏忽，他在打印文件时将一份重要的文件漏掉了，让客户产生了误解，险些与公司解除了合作协议。上司对此很不满，于是就将张勇叫到办公室说道："小张，这点活都干不好，以后重要的工作怎么放心地交给你去做呢?"张勇本来对上司大材小用的行为就有些不满，听到这样的训斥，更是冒火，说道："老子不干了还不行吗？这种低端的工作，你爱让谁干就让谁干吧!"说完，就怒气冲冲地收拾东西离开了公司。

张勇又回到了自己刚毕业时的迷茫状态，在几千份简历石沉大海后，他对自己的行为后悔不已：自己的能力本不差，但却因一时的冲动而断送了自己美好的前程。

一个人气愤时，其思虑是不成熟的，言语也不懂节制，行为是失态的，仿佛就像一个年幼的孩子一般不成熟。《圣经》上说："人有见识就不轻易发怒。"当一个人在生气的时候，他所讲出的话、所做出的决定，往往都是不太理智的。

成功者，并不是因为他们在人生道路上有多么的一帆风顺，也不是因为他们的能力有多超群，而是因为他们善于控制自己的心情，能在愤怒时平抚自己的情绪，恢复自己的理智，让自己每一次都做对。

相反，失败者，也不是真的像他们所认为的那样缺少机会，或者是资历浅薄，甚至迷信自己命不好。很多时候，失败就是因为他们不懂得控制自己的情绪，任自己的坏情绪恣意妄为：遇事不顺时，怒火中烧；消沉时，借酒消愁，丧失斗志，让自己错失机会；得意时，忘乎所以，夜郎自大，四面树敌，为人生树立一个个的阻碍。

总之，人生的成功与失败完全取决于两个字“心情”。心情好，则事成；心情坏，事则败。

## 03. 不冲动，恢复理智后再行动

几年前，在西部农村地区有一对年轻夫妇，女人因为难产而死，遗留下一个幼子。男人平时因为要忙于农活，所以就没时间看孩子。于是，男人就让家里那只养了五年的大狗帮忙照看孩子。那只狗聪明灵活、极通人性，很会照顾小孩，每天都会咬着奶瓶给孩子喂奶。

有一天，男人出门去了，就让它照顾孩子。

他到了别的乡村，因为遇到大雪，当日不能够回家。第二天才赶回家，狗闻声立即出来迎接主人。他将房门打开一看，满屋的血，仔细地抬头一望，床上也是血，孩子却不见了，狗就在身边，满口也是血。主人发现这种情形，以为狗野性发作，将孩子吃掉了。他立即大怒，随手拿起刀向着狗头一劈，将狗杀死了。

之后，他便听到孩子的声音，见孩子从床下面爬了出来，于是就抱起孩子，虽然孩子身上有血，但并未受伤。

男人很是奇怪，不知究竟是怎么一回事，再看看狗，一条腿没有了，旁边有一只死狼，口中还咬着狗腿。原来是狗救了小主人，却被冲动的主人误杀了。

其实，生活中因冲动而酿成此类悲剧的事情时有发生：因他人触动自我尊严或利益而导致的打架斗殴乃至杀人甚至自杀事件等，所带给人的遗憾都是终生的。

心理学家指出，人的冲动都带有强烈的情绪色彩，其行为缺乏意识能动调节作用，因而常表现为感到厌烦、草率鲁莽、不计后果、急于求成，或行为具有挑衅性等，既不对行为的目的做清醒的思考，也不会对实施行为的可能性做实事求是的分析，更不会对行为的消极和不良后果做理性的评估和认识，而是一厢情愿、忘乎所以，结果往往是后悔莫及，甚至铸成大错，遗憾终身。所以，要使我们的人生少留遗恨，切勿冲动做事，遇事先沉住气，等情绪恢复理智后再行动。

有一个行事鲁莽的人，常年在外打工，春节回家前，老板送了两句话给他，让他在犹豫不决的时候打开看。途中在一旅馆住宿，半夜听到一位女子的歌声，他不知该不该去看，于是打开纸条，于是看到上面写着："冲动会害死人！"这人便上床继续睡觉。

到天明后，他从房中出来，经打听才知道昨晚的女子是店主的女儿，有神经病，喜欢在夜间用歌声引诱人。打工者随即感到庆幸。

他回到阔别多年的家，正要进门，听闻屋内有男女嬉戏声，他很清楚地听到是，妻子与一年轻的男子正说笑，态度亲密。他便怒从中来，正欲杀之。转念一想，打开纸条，见上面写着：冲动是魔鬼。于是便忍住怒火进门，妻子一怔，随即拉过年轻男子告之：这是你的父亲。原来他离家时，妻子已有身孕，如今儿子已经长那么大了。于是，他喜极而泣，感谢老板的两句话让他平安到家并收获幸福。

可见，凡事保持理智，深思熟虑后再行动，是拥抱成功、收获幸福的重要保证。遇事是否会慌张、急躁，是否能经过深思熟虑再行动，是判断一个人是否成熟的标准。成熟的人给人稳重的感觉，能让人产生信赖感，而这也是成事的重要气质。所以，如果你是个冲动者，那就学会调节自我情绪吧。

(1) 调动理智控制自己的冲动，使自己冷静下来

化解冲动的首个方法便是克制。一般可采取两种方法：一是忍耐。尽

管冲动情绪像匹野马，但缰绳还是在自己手中。当别人对你说了不中听的话，甚至羞辱性的话，你可以在心里默念“我不发火”、“我不在意”等，也可以在心里默背诗词或文章等，这样能使消极情绪变弱。二是谦让。一个处处懂得谦让的人，不容易被坏情绪所控制。

（2）用暗示、转移注意法

化解冲动要学会及时转移。大量事实证明，冲动情绪一旦爆发，很难对它进行调节控制，所以，必须在它出现之前或刚出现还没升温时，立即采取措施转移注意力，避免它继续发展。比如，可尽力让自己想一些无关的事，干一些其他的活，脑子不闲，手脚不停，就能摆脱因发怒带来的思想负担。所谓眼不见、心不烦，说的就是这个意思。

（3）平时可进行一些有针对性的训练，培养自己的耐性

可以结合自己的业余兴趣、爱好，选择几项需要静心、细心和耐心的事情做做，如练字、绘画、制作精细的手工艺品等，不仅陶冶性情，还可丰富业余生活。

## 04. 不要意气用事

生活中，许多人常会意气用事，情绪一来，便不顾一切地凭一时想法去办事，不计后果，结果往往事与愿违。尤其在关键时刻，一个人如果不顾一切地意气用事，只会将自己的弱点暴露出来，带来不必要的麻烦。

洛克菲勒因经济纠纷与人对簿公堂，在开庭时，对方的律师看起来是个极富修养的人，洛克菲勒对本次的官司并不抱有什么信心。

在法庭上，对方的律师拿出一封信问洛克菲勒道：“先生，请你告诉我是否收到了我寄给你的信呢？另外，你为什么没有回信呢？”

“我收到了，但没有回！”洛克菲勒十分果断干脆地回答道。

于是，律师又拿出二十多封信，并且以同样的方式一一向他询问，而洛克菲勒却都以相同的表情，一一给予其相同的回答。

律师见洛克菲勒如此地镇定，终于按捺不住内心的狂躁，顿时愤怒至极、暴跳如雷，并不断地咒骂，完全失去了一位律师应有的风度！

最后，法庭宣布洛克菲勒最终胜诉！原因很简单，就是因为对方的律师在法庭上乱了阵脚，让自己失去了判断力，将对方的目的以及打官司的手段等细则全部透露了出来，洛克菲勒抓住其弱点，赢得了官司。

一个爱意气用事、情绪失控的人，最容易暴露自我弱点，让对方抓住把柄，从而在关键时刻一败涂地。生活中，面对不同的环境，不同的对手，有时候采用何种手段已经不是关键，而保持良好个人情绪才是至关重要的。

当然，要克服意气用事的习惯，就要修炼强大的内心，凡事不急不躁，遇事沉稳、平和，不被外界的纷扰所干扰，能时刻坚守自我，在任何情况下都不会因为情绪失控而暴露自己的缺点。

其实，心灵是我们所有行为和意念的根源，你的快乐、悲伤、感动、愤怒和仇恨等，以及所有的贪念皆源于内心，心理脆弱，负面情绪便会左右你，烦恼和痛苦便会如影随形。而强大的内心，则发出的情绪和意念皆是平静、慈祥、和谐、善良的，这些会时刻让你生活在快乐和幸福中。所以，要让自己获得快乐和幸福，必须要修炼强大的内心。

内心强大的人，对未来时时充满希望，在打击面前，也能够迅速地恢复理智，从不将挫败和磨难放在心上，时刻能保持理智和平静。

内心强大的人，即便是在最艰难的日子里，也会一直坚守自己的信念，绝对不动摇。

内心强大的人，在任何事面前，都能够宠辱不惊、处之泰然。

内心强大的人，时常能够保持平静，他们很清楚自己适合做什么，有什么潜力，是什么样的人，能够理智地面对人生的每一次机会和选择。他们得意时不忘形，失意时不失志，宠辱不惊，不为名利得失或喜或悲。

## 05. 把“受气”当成自己前进的推动力

每个人都有忍气吞声的时候：因为上司的一句批评而懊恼不已，为了保住饭碗只能忍气吞声；因为客户的一句嘲讽而怒从中来，为了能签下订单而只能故作镇定……很多时候，我们之所以会忍气吞声，都是因为自己无法处理面临的各种难题。所以，在遇到生活难题时，与其忍气吞声，不如努力改变自己，奋力向前，为自己争口气。

刚从传媒大学毕业的刘靖，最近被某家电视公司邀请去主持一个特别的节目，那节目的导播看她文章写得不错，又让她兼职做编剧。

可做完节目，领酬劳的时候，导播不但不给刘靖算编剧费，还扣掉她一半的主持费。他把收据交给刘靖时说：“你签收 1600 元，但我只能给你 800 元，因为节目透支了。”

刘靖当时没吭声，但心里却很憋屈。但谁让自己是刚出道的新人呢，只好在收据单上签字。在接下来的几个月，刘靖并没有松懈，而是每天晚上加班练习发声，坚持写新闻稿，希望有朝一日能出人头地，不再忍气吞声。

后来那导播又找到刘靖，她照样还是帮他做了几次。最后一次，他没有扣她的钱，变得对她客气十足。因为那时她已经被那家电视公司的新闻部看上，一下子成为了电视记者兼新闻主播。

后来，刘靖和那位主播成了同事，每次见面都有些尴尬。她曾想去指责他，但又一想：如果当初没有他，自己又怎会努力奋发成为今天的女主播呢？机会是他给的，更何况他已知错，自己又何必去报复他呢？

生活中，当我们能力不足的时候，难免会“受气”。但是如果遇到不公的事，一味地生气、忍气吞声，或者发脾气，只会让你错失机会，接着再受更多的气。与其生气让自己痛苦，不如将其转化成自我前进的动力，奋发向前。

张谦留学于美国，毕业后在本地找了一份工作。

一天，他打电话向他的同学抱怨他的美国老板“吃”他，不但给他很少的薪水，而且故意拖延他的绿卡申请。

同学安慰他说：“遇到这么苛刻的老板，辞职也罢。但你岂能白干了这么久，总要多学一点再跳槽，所以你要偷偷学。”

张谦听了同学的话，不但每天加班，留下来背那些商业文书的写法。甚至连怎么修理复印机，都跟在工人旁边记笔记，以便有一天自己出去创业，能够省一点修理费。

半年后，同学又打电话过来询问他是不是要打算跳槽了，张谦居然一笑：“不用，我的老板现在对我是刮目相看，又升职，又加薪，而且绿卡也马上下来了，老板还问我为什么会突然对工作的态度积极起来了呢?”

我们要做一个智者，与其愤怒、生气，不如学着从困境中吸纳长处和精华，化为自己强身壮体的“钙质”。

## 06. 将“自制”当成一种习惯

一位哲人说，一个人的心态就是他真正的主人，要么是你驾驭生命，要么是生命驾驭你，而你的心态将决定谁是坐骑、谁是骑狮。既然你是自己的主人，那么就要学会做情绪的调节师，即将“自制”当成一种习惯，不被情绪所左右，从而成就美好的命运，创造辉煌的人生。

维特斯·迈克是一家知名保险公司的经理人，他一生获得的奖牌堆积如山，取得的战绩也极为显赫，这与他“自制”的习惯有着极大的关系。

其实，维特斯在刚开始做保险时，也曾遭受了万千次的羞辱，但是无论别人如何对他，他总是能保持镇定，不急不躁，以笑脸相迎。正是他的这种乐观、积极的人生态度，让他赢得了众多的客户的青睐。

在一次记者会上，他说："在几年前的一天，我在一家证券所门口，发现一位穿黑大衣的中年人。心想这位'大哥'应该用得着医疗意外保险。于是，就决定在门口等他。

"快到中午的时候，那位黑衣大哥果然缓步下楼，我立刻前去递名片，问道：'你要保险吗?'那个人则顺手拿起名片，将嘴里的槟榔汁吐在上面，随手一撕丢在地上，顺便附上一句骂人的脏话。我当时有些气愤，只好默默地走开。没有与对方争执，这样安慰自己道：'将来拿我名片的人肯定会有福气的。'"

迈克说自己的脾气其实并不好，之所以能承受数以万计的白眼、怒骂与轻视，是因为他认定自己从事的是爱心传递工作。他的父母晚年经常卧病，医疗费几乎拖垮全家，他不能让别人也承受这样的痛苦。秉持工作的理念与执着，每当负面情绪涌上心头，他就不断地告诉自己："放下。"

维特斯事业的成功和生活的快乐，无不与他的自制习惯有着密切的关系。美国的情绪管理专家帕德斯指出，平时锻炼自己控制情绪的能力，养成自制的习惯，十分有助于在情绪发作时拥有良好的反应能力。

当然，要控制好自己的情绪，一定要时常体察自己的情绪。也就是经常提醒自己注意"我现在的情绪怎么样"，比如，当你因为朋友约会迟到而对他冷言冷语时，就问自己："我为什么要这么做？我现在有什么感觉?"如果你觉察到你已经对朋友三番两次的迟到而感到生气，你可以将自己的情绪好好地加以处理，比如自己一个人对着大山喊叫，让压抑的情绪发泄出来，学着经常体察自己的情绪，是情绪管理的第一步。

体察自己的情绪后，要学着适当去表达自己的情绪。你之所以生气可能是因为他让你担心，在这样的情况下，你可以心平气和地告诉他："你已经过了约定的时间，好担心你会发生什么意外。"把这样的感觉传递给他，就可以让他体会到你的感受，然后慢慢地抚平自己的情绪。

## 07. 为"怒气"找一个合适的发泄"通道"

脾气暴躁、爱生气的人通常分为两种：一种是动不动就冲人发脾气，声色俱厉，向他人表达自己的愤怒；还有一种是爱发内火，即爱生闷气，发怒时，不动声色，自己难受异常。前一种是将怒火对外释放了，不仅伤人而且还伤己；而后一种则是将怒火憋在体内，对他人伤害较小，但对自己的身心健康伤害则极大。一般来说，外向型性格的人爱用脾气外泄的方式发泄自己的坏情绪，内向型性格的人，则爱生闷气。无论是哪种个性的人，随意对他人发脾气或者自己闷着生气，都不是好的情绪管理方式。真正的智者，无论在什么时候，都能将"怒气"找一个合适的发泄"通道"。

张博是北京一家大型企业的中层管理人员，作为上司和下属之间的"夹心层"，经常要处理一些极为棘手的问题，比如上司分配的任务极重，下属就会怨声载道，他在中间，很是为难。到头来，工作任务完不成，领导还得找他。这让他每天都承受着极重的工作压力，每天吃不好，睡不着，精神处于崩溃的边缘，情绪也极为不稳定，经常想发火。

但是，在上司面前，他为了给领导面子，就得尽力克制和压抑自己的怒火；在下属面前，为了维护自己的形象，也得竭力克制自己。这让他觉得上班对他来说就是一种煎熬，痛苦万分。

为了让怒火不损害到自己的健康，他为自己的坏情绪找到了一个宣泄的通道，那就是找一个没有人的地方，拿起一块石头，远远地扔，边扔边大声地喊几声想说的话、想骂的人。有时候，他还会双手攥拳，对着墙、大树等固体东西狠狠地打几下，或者找一件不值钱的物件咬着牙地摔碎，这样就让自己的怒气宣泄了出去。正是这些方法，都让张博每天都看起来精气神十足，并能乐观积极地处理好工作上的问题了。

可见，找到适合自己的发泄通道，可以减轻你的精神压力，让整个人都变得乐观积极起来。

生活中，对他人发泄怒火或者压抑自己的坏情绪，都是一种极不明智的做法，聪明的人会巧妙地利用自身的有利因素，找到适合自己的情绪发泄方法。比如，人缘好的人会在愤怒或生气时，找朋友倾诉，使自己的坏情绪得以缓解；没有对象可倾诉，或者难以说出口的事情，不会一直憋在心底折磨自己，而是采用写日记、跟陌生人聊天、唱歌、睡觉等方式缓解压力，改善自己的情绪。再比如，一些动不动就对他人发脾气的人，为了不使坏情绪伤到别人危害自己，会在动怒前对自己喊“平静、平静”，然后克制自己努力地平静下来。

当然，不同的人，宣泄脾气的方法也是不尽相同的，一般来说，要控制情绪，可以从以下几点做起：

(1) 遇事就上火的人，学会将怒气的火焰扼杀在“苗子”阶段

遇事就上火的人，脾气比较暴躁。为了控制自己的怒火，就要事先做准备，即当怒气刚刚产生时，就要及时地抑制它，不要让它膨胀。就比如救火一般，在火苗刚燃起来的时候，就及时将其浇灭是非常容易的。一旦火焰蔓延，烈焰冲天时，就极难扑灭了。当你意识到自己怒火已经起来时，最好的方法就是强制自己不要讲话，采取静默的方法，这非常有助于冷静地思考。如果有话非说不可，你可以让自己在开口之前，先将舌头在嘴里转几个圈，这是俄国文学家屠格涅夫劝阻情绪易激动的人采取的好办法。我们在动怒时，最好少说话，平抚心

灵，让自己冷静下来。

(2) 对于爱生闷气者，要学会“逆情性思维”

爱生闷气者，一般性格都较内向，这时候可以尝试运用“逆情性思维”法去疏通自己的坏情绪。何为“逆情性思维”呢？即为向引起愤怒的相反的方向去思考，或者称“回头想”。这个时候，你就可以将自己的思维，从愤怒的情绪之中拉回来，使自己考虑到问题的其他方面，这样就能够较为客观地看问题，避免让自己做出后悔的事情。

(3) 要学会疏导自己的愤怒

在你的怒气上升时，最有效的控制方法，就是暂时地回避，去干一些自己喜欢干的事情。离开使你发怒的人，离开引起争吵的现场，失去发怒的环境，以制止怒火的膨胀。如果实在无法离开，可以多做几次深呼吸，并与他人慢慢地逐字逐句地讲话，以平息自己的怒气。这种方法可适用于任何人。

## 08. 合理的情绪宣泄方式，能减轻你的压力

人在精神压力大的情况下，很容易着急、上火，脾气变得暴躁。所以，要找到缓解暴躁脾气的方法，就要学会在适当的时候通过自我宣泄和自我释放法，减轻你的精神压力。合理的自我宣泄和自我释放，可以减轻人的心理负担，消除怒火，也是成功控制情绪的表现。所以，要学会用发泄来为我们的心灵打扫卫生，保持心理的清洁，那样，坏脾气就不会轻易找上你了。

在北京一家外企工作的赵杨，因为压力大，经常会莫名其妙地与人发生争吵，即便是被朋友劝阻，也仍气愤难平，每次，这种糟糕的情况都会持续到第二天，最后会发泄到家人身上。久而久之，大家都不喜欢与赵杨

共事，他的人缘也越来越差。

后来，大家发现赵杨变了，他脾气似乎没那么暴躁了，与人争吵之后也不再气愤难平，而且还能够快速地恢复平静。当人们问他原因的时候，赵杨说："我能变得平静，全依靠《不生气》这篇顺口溜，每当怒火来袭时，我就会拿出它来默念。

"人叫我气我不气，气急败坏惹人议。为了小事发脾气，回头想想又何必。暗生闷气有谁知，气出病来无人替。怒发冲冠更可惧，唯恐因气命归西。气为寿之绊脚石，心平气和病不欺。事事不能皆如意，难得糊涂要铭记。若遇苦闷烦心事，最好自我来调理。大事原则要坚持，小事适宜和稀泥。生活琐事由他去，有了矛盾冷处理。不贪荣华薄名利，知足常乐别攀比。心宽忍让好脾气，常含乐意莫生气。"原来，赵杨在生气的时候就默念自己改编的顺口溜，顿时觉得心里的不满全被发泄出来了，情绪也自然平静了。

现代社会，每个人都面临各种各样的压力，无论是来自家庭，还是工作、情感，人际关系等，如果这些压力一直得不到正确的宣泄，都会形成沉重的心理负担，若心理负担得不到排解，那就很容易对人发脾气。就像上述事例中的赵杨就是如此，糟糕的情绪已经严重地影响到他的工作和生活了，好在他及时地控制住了自己的情绪，使他的生活又回到了正常的轨道。

人对于压力的承受力是有限度的，就像一个人不能背着沉重的石头一样，这样不仅会减缓你前进的步伐，还会让你的情绪变得极其糟糕，动不动就与人争吵甚至与人大打出手。同时，一个人想要有所成就就要轻装上阵，在适当的时候释放你的压力，发泄自己心中的抑郁，心灵就会变得轻盈，这样你才能在工作和生活中，以饱满的热情和快乐的心情去享受精彩的生活，拥抱幸福的人生。

要如何化解压力来缓解你的坏脾气呢？

（1）工作之余，释放心情

为了防止职业疲倦症，应该及时宣泄如愤怒、恐惧、挫折等消极情绪，以得到心理上的发泄，舒缓压力和紧张。应该在工作之余，让心情得到释放，旅游、锻炼、娱乐都能够起到很好的作用。

其实，这些时间都是安排出来的。可是有的人总是不会调整自己，绷得过紧。学会放下，学会定时休息，学会有效地使用大脑，才是明智的选择。

如果感到压力太大时，不妨向家人或朋友倾诉，把心里的症结说出来。

（2）喊出你的压力

喊叫法就是通过急促、强烈、粗犷、无拘无束的喊叫，将内心的积郁都发泄出来，从而平衡精神状态和心理状态。所以，找一个合适的地方来喊叫可以帮助你释放压力。

如果你觉得自己不适合喊叫这种方法，那么唱歌、朗诵、默念也是不错的办法。上述事例中的赵杨就是通过默念《不生气》歌来宣泄内心的不满和压力。

（3）找到合适的“出气筒”

任何人都不希望成为别人的“出气筒”，所以，感觉压力大或者情绪不好时，不要随意找人发泄。你可以把你的不满、怨恨等全部都写到纸上，然后烧了它，让你的坏情绪也随火焰变成灰烬，接下来就会一切恢复如常。这样你心中压抑的不快都会释放出来了，你自然也会变得轻松起来。

## 09. 发怒之前，先考虑后果

遇到不快的事时，每个人都可能会变得暴躁，发脾气会影响我们的人际关系，发怒会使我们在成功道路上涌来不可预料的坎坷。总之，发怒造成的后果经常让我们日后追悔莫及。既然不想发怒后的后果变成现实，那就学会在发怒之前先想想后果吧。

《论语·季氏》中记载着这样一段话："君子有九思：视思明、听思聪、色思温、貌思恭、言思忠、事思敬、疑思问、忿思难、见得思义。"其中第八思"忿思难"就是指发怒时要考虑会产生什么不良后果，可见，发怒时考虑一下后果也是一个人修养中必须具备的。

西方有这样一个故事：

一位妻子向丈夫抱怨道："亨利，我需要一把新剪刀。"

丈夫难为情地说："可是我们买不起呀。"

妻子坚持道："可是我真的需要一把新剪刀啊。"

丈夫态度硬了点说："我说了没有，不行。"

妻子也坚持道："亨利我才不管你说行不行。因为我真的需要一把剪刀。"

这时的丈夫心中升起一丝怒火："你如果再提剪刀的事情，我就把你拖出去扔进井里。"

妻子不可置信，故意大声说道："剪刀！"

这时，丈夫终于被彻底激怒了，一把抓起妻子，边拖边叫道："你还敢不敢提剪刀两个字了？"

妻子嘴里仍然一个劲儿地叫道："剪刀，剪刀……"同时拿脚疯狂地踢着丈夫。

“好吧，这是你自己自讨苦吃。”丈夫毫不犹豫地把妻子拖到水井旁边，拿过绳子套在妻子的身上，打了个结，把妻子吊进了水井里。

吊到一半的时候，丈夫问妻子：“如果你答应不再提剪刀的事，我就把你拉上来。”但是井里仍然传来“剪刀”两字。

“那就没办法了。”丈夫边说边加快了速度，把妻子完全放进了水井里。

丈夫伸进头去，看到妻子已经被井水完全淹没了，但是水面上伸出两个手指头，形成剪刀的样子在使劲挥舞着。

当过了十分钟后，丈夫再次伸进头去，发现水面已经“风平浪静”……

这是唠叨又抱怨的妻子惹的祸，还是贫穷又自尊的丈夫引发的冲突？反正结局就是悲剧，暴躁与争吵是无济于事的，往往因为怒气，会引发激烈的战争，最终导致悲剧的发生。

发怒是性之所起、情之所至。虽然说“一个巴掌拍不响”，但怒火是可控制的，而怒火后的结果却是我们无法控制和改变的。

有人曾研究得出，因为脾气暴躁而带来的结果，是有好有坏的，比如人们发怒有时会带来了关注、服从、钦佩、积极力量等一些好的东西。但是这也是他们能很好地驾驭愤怒，就比如驾驭一匹烈马，如果是会驯的人就可以使烈马成为千里马，但不会驯的人一不小心就会被烈马翻下来受伤，甚至被乱蹄踩死。纵观人类历史长河中由愤怒产生的结果，愤怒的不幸后果，无疑大大高于有益的结果。因此，这更要求我们在发怒之前想想后果，考虑负面的影响大一点，还是正面的影响多一点，这样更有利于我们驾驭自我的情绪，还会避免不必要的损失。

我们不妨简单罗列出在日常生活中愤怒有可能给我们造成的影响：

身体上的疾病：高血压、心脏病和中风；酗酒、抽烟和药物滥用；不规范的驾驶习惯、易出车祸；养成遇到小困难就会攻击的习惯；注意力无法集中、效率降低，因而学习和工作都效率低下；人际关系矛盾和家庭冲突；决策失误，风险增加，使得生意失败、个人失利；声名狼藉，声望差……

因此，在发怒之前考虑一下所产生的结果是如此的有必要：首先，在考虑结果时，尽量把好的和坏的都想想；其次，考虑后果所造成的短期影响和长期影响，以及影响的对象，一定不要忘了考虑长期后果；最后，最终确定产生的后果好是否大于坏，还是坏大于好，这样就会良好地控制或避免。